◎ 周忠胜　主编

花之境

——花境文化与实践

U0260414

江苏凤凰科学技术出版社 · 南京

图书在版编目（CIP）数据

花之境：花境文化与实践/周忠胜主编.— 南京：
江苏凤凰科学技术出版社,2023.6
ISBN 978-7-5713-3472-7

Ⅰ.①花… Ⅱ.①周… Ⅲ.①园林植物—花境 Ⅳ.
① S688.3

中国国家版本馆 CIP 数据核字 (2023) 第 044372 号

花之境——花境文化与实践

主　　　编	周忠胜	
责 任 编 辑	韩沛华	
责 任 校 对	仲　敏	
责 任 监 制	刘文洋	

出 版 发 行	江苏凤凰科学技术出版社
出版社地址	南京市湖南路1号A楼，邮编：210009
出版社网址	http://www.pspress.cn
编 读 信 箱	skkjzx@163.com
照　　　排	江苏凤凰制版有限公司
印　　　刷	徐州绪权印刷有限公司

开　　　本	787 mm×1 092 mm　1/16
印　　　张	12.75
字　　　数	200 000
插　　　页	1
版　　　次	2023年6月第1版
印　　　次	2023年6月第1次印刷

标 准 书 号	ISBN 978-7-5713-3472-7
定　　　价	88.00元

图书如有印装质量问题，可随时向我社印务部调换。联系电话：025-83657629

《花之境——花境文化与实践》
编写人员

主 编

周忠胜

（南京国际博览中心　教授级高级工程师）

副主编

曹航南

（南京市园林行业协会　会长）

施天华

（江阴市旅游文化产业发展有限公司　高级工程师）

编委成员

胡剑峰

（合肥市蜀山区园林绿化管理中心　教授级高级工程师）

陈 洪

（江阴市旅游文化产业发展有限公司）

任 鹤

（江阴市旅游文化产业发展有限公司）

陆 群

（景古环境建设股份有限公司　教授级高级工程师）

梁海英

（江苏开放大学　副教授）

"民吾同胞，物吾与也。"

——宋·张载《西铭》

"无意苦争春，一任群芳妒。零落成泥碾作尘，只有香如故。"

——宋·陆游《卜算子·咏梅》

事花之境，人性之境也。以花木为镜，可以照亮生活，照见人生。一切花木，本无高下之分，皆可成境。

谨以此书向无数辛勤耕耘于山水城乡、绿野花丛，叠山理水、莳花弄草，始终籍籍无名的园林人致敬。

　　初识周忠胜同志是在 12 年前的 2011 年 8 月，为了建设南京中国绿化博览园中的《荷兰园》景点，我们应邀专程去荷兰等欧洲国家考察园林景观。此行中我注意到这位小伙子不一般。他总是充满激情、乐呵呵地背着沉重的相机跑前跑后，努力多方寻找拍摄景点，尽力多收集资料，并做详细记录。通过交谈，看到了这是一位热爱园林、爱学习、爱思考，也勤于总结的好青年。此后他一直在南京绿博园和南京国际博览中心担任技术和行政管理工作。多年来他一直坚持不懈钻研园林专业知识，应对新形势、新动态及新的生态理念，在公园管理工作中认真实践，不断总结探索。在园林类杂志上经常能看到他发表的见解。这次又欣喜地阅读到他对多年工作经验总结整理的有关花境文化与实践的新书。

　　近十年来，花境因其新颖自然、靓丽脱俗的特点，及具有生态、减排理念和地域人文特色，并在一定程度上可降低养护管理费用等的优势，在我国城乡园林建设中得到了迅速发展、推广和普及。

　　然而，花境的设计、应用、建造和后期的养护管理是个综合的系统工程，需要建造者和管理者有着足够的眼界和实践经验。

　　关于中外花境运用溯源、历史、设计理念、建植要求、植物材料选用搭配、养护和管理办法等理论知识书籍现在可谓丰富多彩、多媒体上相关介绍和案例照片更是让人目不暇接。但是，对于这些理论知识的实践体会和经验阐述却是凤毛麟角。纯粹的理论设计很难达到预想效果。常言道"三分种，七分管"，这在花境建造中尤为突出。

　　作者在 20 多年长期的公园规划、花境建设和维护中有意识地对花境植物品种的搭配、选择、栽培方式的提升及养护管理等措施，进行了一系列的探索、研究，难能可贵的是他在繁忙的事务性工作中，勤于并善于总结。用艰苦结实之治学态度与方法，以底于成；得力于收集大量直接与间接资料，由博返约。

　　真诚地向读者们推荐此书，期盼更多园林人在实践中努力学习、探索、总结，创作出更多好看、丰富、生态、"虽由人作，宛自天开"的花境世界。中国著名古建筑园林艺术学家陈从周曾说过，造园者需文化修养很高，才能创造出具有诗情画意的景观——"无声的诗，立体的画"。

教授级高级工程师
国家一级注册建筑师
原南京市园林局总工程师
李蕾
2023 年初夏于宁

　　园林园艺行业的发展进步和其他学科一样既要有基础理论研究的强力支撑，也要有广大一线工作者丰富的实践应用。而且这两者之间还需要一个联通的部门，或者说还要有一群人，一群有心人，他们既有一定的学科理论功底，又有深入最基层最一线亲身操作的实践经验。最难能可贵的是他们还要有总结和探索精神，将来自一线的实践经验总结、提炼成实践理论，与基础理论进行比较分析，形成实践印证，或弥补，或修正，或创新突破，最终，共同推动行业的发展和学科的进步，并在过程中实现人才的培养、应用的迭代等。

　　《花之境——花境文化与实践》这本书编写的出发点和着力点都较好地契合了园林园艺行业新型应用场景的发展需求，为花境的应用提供了全面的理论与实践指导，具有非常强的实用价值。

　　可以说，花境是花卉植物的一种很具有想象力、爆发力的应用形式，也可以说是融会中西、贯通古今园艺理论和实践的一种花卉植物配植形式，兼具创新性和美观性。如何规划、设计、栽植、管护好这个新兴的园林园艺景观，确实是行业从业者非常基础也是非常重要的一项工作。作者通过这本书从文化、心理、环境、生态和专业技术等多个维度，很好地回答了这个问题。

　　从宏观来说，园林园艺中任何一种植物都具有一定的价值，只不过用途与需求不一定契合而已。本书作者以深沉的人文情怀认识植物、认识园林、认识自然，对工作的热爱已经超越了完成任务的层面，而具有了一定的自然情怀，人文精神，这将给读者带来新的认知和感受。这本书不但适合作为园林园艺相关专业学生的辅助教材，对于热爱自然，热爱园艺，热爱文旅的人，以及对植物文化和自然人文感兴趣的朋友也具有较高的参考价值。

　　近年来，随着科技的进步和经济社会的发展，农林行业也面临着转型变革和创新发展。园林园艺行业从业者如能将城市园林的一些技术、经验和管理智慧运用到乡村振兴中，将是一项非常有意义的实践性工作。

　　民族要复兴，乡村必振兴。振兴乡村需要集中各方面的智慧、力量和资源，需要乡村一线人员和城市人的共同努力，尤其是城市里从事园林园艺行业的工作者，投身乡村振兴更具有得天独厚的优势。以乡村优美的自然环境和丰富的人文资源吸引城市人关注和投身乡村振兴，将城市的人力、财力资源吸引到乡村振兴中来，使人们在服务乡村振兴的同时又获得乡村优美安逸自然环境的体验，满足人民对美好生活、高质量生活的需求，实现良性循环，最终带动城乡一体化发展。

　　作者从农林院校毕业后便投身城乡建设事业，近三十年始终带着深厚的农林情怀，关注园林园艺行业发展，深入一线、扎根基层，积累经验，同时又能将理论与实践相结合，提炼总结园林园艺建设和管理经验，实属难得，若没有足够的耐心和恒心，是很难做到的。

　　我想广大农林、园艺人都应该有这种扎根一线的精神，仔细研究的态度和将理论与实践相结合的本领，为新时代中国特色社会主义现代化，为高质量发展，为城市的美好，为乡村的振兴，贡献我们的力量。

南京农业大学校长

陈发棣

2023 年 5 月 26 日于南京

前 言

生态环境和经济社会发展是辩证统一、相辅相成的，"人不负青山，青山定不负人。"设计建设运营管理最美丽同时也是最经济节约的园林，是对实现碳达峰、碳中和目标的有益探索。花境，尤其是高品质花境的建造，是建设低碳社会的具体实践。

利用花境造景手法，艺术而科学地设计选用丰富多彩的花卉植物，再辅以其他素材，可以使园林景观变得优美自然，富有高低错落的韵律之美，在景观色彩上更加丰富、绚丽，在季相呈现上千变万化、四时不同。花境还能使城市景观中各种转角、台阶、水岸等原本不起眼的散碎空间也变得秀美而妙趣横生。

近年，花境在全国各地迅速推广、普及，涌现出很多设计、施工人才，建成了很多优秀的作品，取得了良好的景观成效。但整体来看，花境在实践应用中仍然存在诸多亟待解决的问题，我国花境应用水平仍需不断提高。

大部分花境的设计往往很难跳出花坛、花带、花圃的传统设计思路，缺乏地域特色和自然野性的结合，表现为花卉植物的简单堆砌、拼凑，形成的花境景观往往是"千境一面"，重复、类同、单调。不但观赏艺术性不够，而且文化内涵也很粗浅，花境过于平庸化、功利化。有时，一个个花境就类似缩小版的花卉种植基地，缺少花境应具有的自然协调之美、季相变化之美和意境之美。

在花卉植物材料选择上，大多花境设计师喜欢选用外来、冷门的植物品种，这些植物的适应性、本土性不足，不仅与环境背景不匹配，而且养护成本较高。很多花境为了弥补开花不足的缺陷，过多地使用一两年生草本花卉，虽然视觉效果提升了，但是各项维护成本大大增加，生态稳定性和经济节约性不足。

同时，土壤条件恶劣，施工简单粗糙，浇水、修剪和病虫害防治等后期养护配套缺乏，很少会采取科学的土壤更新、植株分栽和品种更迭等深层次的、有针对性的维护措施，这些普通园林景观施工中普遍存在的问题会给要求更高的花境景观带来明显的伤害。

在实际应用中，花境既要观赏效果好，能体现其设计理念、凸显地方特色，还要降低投入和后期维护成本、延长可持续时间，不能是"一次性花卉展示"。总之，如何设计建植最美最好花境，亟须理论和实践指导。

笔者结合多年从事各类宿根、地被和一年生花卉植物的生产、繁育经验，以及参与设计、建植、管理花境的大量实践，汇总编辑了这本文化总结和实践心得，希望给同行们提供一点参考。

本书借鉴明末清初陈淏《花镜》一书的命名方式,取意"境由花生",定名《花之境——花境文化与实践》。就当下园林绿化中广泛使用的花境造景形式,从花境的释义和文化渊源,类似的花卉应用形式,花卉植物材料选择与搭配,长江中下游常用花境植物,设计和建植实践,养护管理技术,以及花境未来发展趋势等多方面进行提炼、总结,力求从实际应用的角度为花境景观设计与建设提供理论、技术、艺术和文化经验。

　　本书所列各类花境花卉植物,均以江淮、长江中下游地区常见植物和引进较成功的花卉植物为例,绝大多数适合在长三角地区应用。但是,在具体使用中不仅会因为南北差异、地势差异导致植株性状和适应性不同,而且在不同城市间也会因为微气候环境的差异而出现细微的品种适应性差异。所以,在设计使用中,还是要以花卉植物实际性状表现为准。

　　另外,各个城市、地区几乎都有自己特色、主打的乡土花卉植物,如何开发和利用,如何在花境中应用好适合本土环境的植物品种,凸显地域特色,提高建造成功率,减低后期管理成本,是我们需要长期积累和总结的任务,需要广大园林行业从业者不断实践,在生产中发现、挖掘、驯化和培育,真正实现花境植物品种特色化、丰富化、生态化,在设计上各显其能,不拘一格,共同实现花境景观水平提高的目标。

　　本书有些案例直接取材于南京滨江公园,在此对南京滨江一直给与支持和协助的同事们表示感谢。可以说本书汇总了园林绿化行业从业者的诸多成熟经验,是集中大家的经验,供大家参考。

　　本书在编写过程中得到了南京市园林行业协会、南京园林学会、南京市园林工程管理协会以及其他一些城市园林类学(协)会的大力支持,在此向各单位表示感谢!

　　本书不但汇集了曹航南、施天华、胡剑峰、梁海英等作者的智慧和努力,还学习、借鉴了诸多园林绿化行业专家、教授的经验,得到了南京市绿化园林局城市绿化处臧延亮处长的辅助,尤其是南京农业大学园艺学院张清海教授和团队其他老师的热情帮助,使得本书更加简洁、严谨、完善,在此也对他们表示衷心的感谢!

　　由于编者学术水平有限,以及相关专业知识的不足,书中错漏和不当之处在所难免,欢迎方家批评指正。

编写者

2023 年 5 月

目　录

第一章　花境概论

第二章 花境设计

第三章 花境实践

第六章 花境养护管理

第七章 花境的未来

第一章 花境概论

 花境释义和历史渊源

1.1 花境释义

花，狭义而言是植物的一种有性繁殖器官，即俗称"花朵"，一般由花瓣、花萼、花托、花蕊等几个部分组成。从汉字的结构上似乎就能窥出一些端倪：简化的"花"字由"艸（艹）"头和"化"上下构成，指草木生长发育而成的器官——花朵。广义上，花就是指具有观赏价值的植物，俗称花木、花草。

境，地界、区域、状况、情景。

花境，顾名思义就是由花木构成的区域、场景或意境。主要以开花植物或是有开花植物参与的艺术造景形式。

现代花境，指一种景观布置形式，特点是师法自然，科学模仿自然界中自生花卉植物的生长状态，人为地将多种花卉植物艺术性配植在一起，以形成富于变化和美感的一种花卉景观形式。

经历数百年的发展和演化，现代花境已经被拓展成了大多数园林植物都能有用武之地的园林景观艺术形式，木本、藤本、草本、水生植物等均可入花境。

另外，想达到花境艺术设计效果，设计师们不但要拓宽植物材料的选择范围，还要善于借力周边各种环境资源，包括建筑、围墙、栏杆和山坡、凹地、水系等地形高差，以及设置各种材质的假山、小品、装置、声光电系统等景观附属装置。

在兴起之初，现代花境只是一种园林种植方式，设计师多使用观花的宿根地被植物，沿着林缘绿地、建筑边界线或边缘进行带状种植，是以一种景观点缀和补充身份出现的花卉植物景观小品。后来，随着应用的不断拓展和丰富，现代花境已经能够自成体系，展现出丰富的内涵了。为了表达的方便，本书后续所用的"花境"一词，除了特殊说明以外，均指现代花境。

从生态角度看，花境设计和建造的目的是形成由多种植物构成的仿自然人工群落。花境中花卉植物的选择对于丰富生态多样性以及保护珍稀植物品种都有着一定的促进作用，是生态保护理念的具体实践。

花境的特点是一次建植长期呈现景观效果，投资和养护都较为节约的一种花卉应用形式，符合低投入、免维护的节约型社会、节约型园林建设方向，也是园林降碳、减碳的具体措施和路径。

随着花境的不断推广和实践，其类型逐渐丰富化，构成复杂多样化，各种环境场合都能应用。

1.2 花境的历史

最早，英国的园艺学家威廉·罗宾逊首先尝试将宿根、球根花卉以及乔灌木等以组团形式"混搭"，选择的植物品种尽量是适应当地气候且耐性较强的，目的就是达到后期低维护或免维护就能良好生长的效果。创新就在改变之间，罗宾逊的试验打开了人们设计和欣赏自然花卉艺术美的新领域。后人大胆尝试各种小尺度花卉品种混搭栽植方式。英国著名园艺家格特鲁德·杰基尔更是借鉴了自然界林缘野生花卉混杂、和谐生长的状态，源于自然又高于自然地将宿根花卉按照色彩、高度、花期搭配在一起种植、欣赏，形成丰富而稳定的植物群落，标志着现代花境形式已趋于成熟。

可见花境模仿自然的初心与现代园林景观所推崇的回归自然、保护生态的理念殊途同归，且更加具有观赏性、能动性和成就感，从根本上为其迅速发展奠定了理论和需求基础，因此受到人们的普遍欢迎，普及推广得很快。

1.3 花境的发展

和其他艺术形式的形成和发展历程类似，花境的萌芽、发展和兴盛也经历了初期、发展期、活跃期到成熟期几个阶段。

1.3.1 初期

19世纪30—40年代，西方工业革命极大地促进了整个社会经济和技术的进步，与此同时，各种自然科学也陆续兴起和发展，包括物理、化学、生物学等门类，自然科学的探索启发和促进了社会科学一些门类的诞生或重塑，而作为自然科学与社会艺术交叉范畴的园林景观，在工业革命和新兴思想风起云涌的时代潮流中也得到了思想和实践创新的滋养。创新的结果是花卉植物仿自然式搭配种植形式出现，花境雏形初显。

1.3.2 发展期

随着自然科学的发展，大量植物被发现并被引种，运用于花园中的草本植物尤其是开花品种大大丰富，草本花境风靡欧洲，在英国园林，特别是庭院中应用广泛，也标志着花境进入发展期。草本花境营造的主要代表是英国的阿利庄园。

1.3.3 活跃期

进入 20 世纪，花境景观应用逐渐进入活跃期，草本园艺植物的优点被充分发挥，且出现了观赏草花境、四季常绿的针叶树花境等专类特色的花境形式。工业革命带来的全球经济繁荣，为花境景观形式在除英国以外的其他欧洲国家传播、发展提供了经济保障——艺术是离不开物质基础的。有代表性的突破是，1957 年英国造园家克里斯托弗·劳埃德提出的混合花境概念——素材使用更趋灵活、成熟和务实。

1.3.4 成熟期

随着各种风格花境的出现，花境艺术呈现一片百花齐放、百家争鸣之势，而主题花境的出现标志着花境造景艺术走向成熟期，在平面设计上也不再局限于带状布置，而是更加自由，产生了"岛屿式"等自由样式。花境应用也不再局限于私家庭院和小空间，城市公园、绿地等大尺度的场景中也开始巧妙地使用花境艺术造景。花境已经发展到了大众化和普及化阶段。

在花境的不断实践和应用过程中，园艺人从各个方面进行试验和创新，包括混合花境和常绿针叶林花境，还有类似于岩石花境、观赏草花境、湿生花境等，各有特色，大大地丰富了花境艺术形式，也使园林造景更加赏心悦目，更加形式多样。

如今，包括中国在内，世界各地的花境不但总量飞速增加，艺术形式也极大地丰富起来，加上地域特色和文化注入，使得花境成为最受欢迎的园林景观形式之一。

从花境发展的几个阶段中我们不难发现，花境的应用，与人们对自然美的追求密切相关，与人们对美鉴赏能力的提高息息相关，与人类社会文明的发展阶段也紧密关联，更与整个社会的经济水平和物质丰富程度分不开。

1.4 花境的文化根源

花境景观形式，是社会经济和文化发展的产物。

1.4.1 缘起西方

现代花境起源于英国。花境的发端是模拟自然林缘那种自然天成一见欢心的野生花卉生长状态——品种丰富、群落自生且生态稳定，一般使用宿根花卉为主材，运用各种园林艺术手法设计、建造，凸显花卉植物的个体美与群体的自然美。由于花卉植物本身的特点，花境季相变化丰富，观赏期普遍长于一般园林景观，且维护管理相对简单，只要搭配合理或者养护得当，往往能存续较长时间。

花境在西方国家的发展也是一个与工业文明和社会变革关联的过程，可以说是人类文化、文明伴生的产物。

中世纪随着欧洲封建庄园、城市的兴起，美化环境的需求促进了人工花卉种植的发展。人们尝试用花卉栽植的花坛给城市庭院、别墅做装饰，当时花境的雏形与我们现在见到的最粗糙的花坛种植可能有些类似。

到了 18 世纪，经济的富裕使得英国上层社会既有钱又有闲，开始寻找生活乐趣，而对园艺种植的探索和猎奇是最好的"休闲娱乐"活动。于是贵族们开始在私家庄园、别墅、农庄里种植药材和蔬菜，既有趣味性又有实用性。同时，他们偶尔也会种植点观赏花卉，似乎也不怎么上心去养护，所谓"稀疏的种植"，据说这就是现代花境的雏形。

19 世纪末到 20 世纪初，花卉品种井喷式出现，促使自然式花境迅速发展。英国园艺设计师格特鲁德·杰基尔在设计中大量使用花境，促使花境走向了全世界。杰基尔的设计中最著名的就是多年生草本花境设计，是混植方式，彻底摒弃了规则式园林布局，给花境的发展和革新开创出了一片广阔的天地。

20 世纪以后，艺术发展更加激进和开放。百花齐放的绘画艺术在无形中影响着园艺、园林——景观视觉艺术与绘画艺术本身就是相通的，现代花境设计更加追求自然之美，花境材料和表现手法不断拓展，尤其是色彩更加丰富，近似色、对比色运用更加成熟。

1.4.2 错过东方

中国园林历史悠久，绵延几千年，文化积淀深厚，艺术水平高超，但是，现代花境却并没有始于中国，其中自有原因。

1.4.2.1 文化因素

中国文化自古深受儒家文化影响，温良恭俭让，含蓄而浑厚，从魏晋南北朝到唐宋元明清，文人士大夫多有一种自觉、自律的习惯，崇尚"外圆内方"的处事原则。讲求广州花市——中西园林园艺交流的窗口，世界花卉植物种质资源开发和使用的缩影。

18世纪40年代之前，广州是中国唯一允许与外国通商的城市，很多"洋货"从这里"进口"。在广州西南郊有个叫"花地"的地方，有着悠久的花卉种植和交易历史，开创了"花卉交易中心"的先河，诗人张维屏曾写诗记载"花地"盛景："花地接花津，四时皆似春。一年三百六，日日卖花人。"

航海而来的西方人通过广州进入古老而神秘的中国。吸引他们的不光是茶叶、丝绸、香料这些"东方瑰宝"，中国的植物也同样对他们有巨大的吸引力。满载着东西方货物的货船穿梭不息，其中就有大量珍贵、特色的中国植物品种。

实际上东西方植物品种的交流和互相引进，自古即有之，但是，西方大规模引进中国植物还是在明清时期，尤其是广州作为中国的通商口岸后。据资料整理发现，西方植物爱好者先是引进中国的丁香、牡丹、荷花、月季、百合、桂花等用于观赏，后来引进茶树和桑树，就是为了实用。

随着西方人的到来，西洋造园的理念也悄然地传递进入中国，缓慢而深刻地改变国人对于现代园林景观的认知。其中，类似花境的自然花卉种植理念也逐渐为国人所知晓，就像中国古典园林艺术进入欧美一样。

这是文明交流的结果，也是艺术发展的必然。

"规矩"，不事张扬。这种人文思想外化到园林艺术实践上，也就造成了花境景观艺术没有自发生长的心性土壤。

另外，中国古典园林，无外乎皇家园林、私家园林、寺庙园林等形式。

皇家园林是气势和权力象征，在具体植物搭配方面不允许过多的形式，更别说花卉和色彩了。而文人更寄情于山水，山水中水墨的写意、简洁效果反对有太多太复杂的花草以及色彩。所以，园林中也不是太在意植物的搭配，更别说去探索花卉植物繁育、花境艺术。除非植物具有一定情感、人文寓意，如梅兰竹菊，才能获得文人园林的青睐。文人园林中的植物搭配，为了体现意境，造成很多并不现实的植物配植形式，比如"松鹤延年"意境现实中不存在，连梅兰竹菊几种植物也并不是适合一起生长的。

可以说文化禀赋、社会氛围、行为习惯等原因，限制了现代花境理念在中国的孕育和生发。

1.4.2.2 气候因素

虽然中国幅员辽阔，地理环境多样，但大多数地方的气候特点是冬天寒冷干燥，夏天炎热多雨，且多暴雨，并不适合观赏园艺植物的自然生长。如果没有足够的保护设施和先进的栽培技术支撑，人工驯化栽培花卉植物难以长时间存活。相比较而言，欧洲大

部分地方的气候类型却较适合观赏园艺植物生长，无论是原生植物品种还是后来从世界各地搜集的植物资源，都能较好地生长。驯化简单，育种机会更多，大量花卉植物新品种繁衍、培育成功，为花境在欧洲流行提供了植物材料基础。相较而言，中国大部分地区不具备这样的气候条件。

当然，花境起源于欧洲还与一些其他方面原因有关，包括人文精神、技术进步等。比如为了适应花卉引种，欧洲发明了"沃德箱"，俨然就是一个便携式的温室，适合长途运输植物而保持其活性，有点类似现在运输鲜活农产品用的"全程冷链"技术。这大大地方便了他们从中国、印度甚至非洲等遥远的地方将发现的新奇植物运回欧美且能引种成功。这就为其丰富花境植物提供了硬件设备支撑。

位于伦敦西南郊泰晤士河畔的英国皇家植物园——邱园，于2003年被列入世界文化遗产名录，其中活体植物数创下吉尼斯世界纪录，达5万种左右，而据资料显示，全球已知植物总数也不过35万种左右。这个植物园建造于1759年，可想而知，英国人对于植物的热爱历史悠久，而且经历长期积累和保护。另外，邱园中包含很多中国元素，不仅有仿造的中国古典建筑和园林景观，更有大量引种自中国的花卉植物，印证了西方植物学发展过程中全球引种的事实。从这个植物园品种收集的极限状态我们不难理解，现代花境景观形式为什么肇始于英国。

1.4.3 在中国的发展

20世纪末期，随着中国改革开放力度的加大，尤其是对外开放度的提高，园林工作者参加国外园艺博览会的机会增加，视野也更加开阔，大家开始注意到了花境艺术形式的优点。以1999年昆明世界园艺博览会为起点，西安、大连、上海、北京等地先后举办世界级博览会，国外的园艺材料、技术和理念纷纷涌入中国。花境全新的植物利用方式，让中国的园艺家们耳目一新，如获至宝，并迅速开始研究、实践和推广。

可以说花境为国人打开了一个全新的花卉植物运用形式门类，其以花卉为中心，将花卉的优点充分展示、发挥出来，将园林景观"点亮"了。

中国有悠久而深厚的园林园艺根基，一旦接受并领悟了花境的艺术内涵和特点，就很容易运用在园林景观中，并在此基础上进行创新和突破，涌现出了不少精品花境案例。

1.5 国外花境主要类型

1.5.1 英式花境

英国是最早实践花境艺术的国家，英式花境的特色最为鲜明，花境材料以多年生草本植物为主，其气候环境特点适合大部分观赏园艺植物的生长，多种因素最终促进英式花境景观效果显著。花境色彩随着草本花卉植物不同季节、不同时段的花期变化而变化，丰富多彩，引人入胜。最为吸引人的是宿根花卉生命周期中的自然萌芽、成长、开花、结果、越冬（宿存）等过程均能展现，通过花境让观众能够欣赏到植物完成自然生命周期的过程，是美的体验，更是生命的体验。

英式花境追求自然、师法自然的风格特点最为明显，设计和建造手法尽力体现自然的美与变化。这与英式园林风格也是一致的。

1.5.2 法式花境

法式花境还有着规则式园林的痕迹，平面布局上讲求对称和几何造型美，虽然也受到现代花境选材手法的影响，大量使用各种花期的花木和花卉素材，但是，其简约的几何图形布局仍是突出特色，且很少有自然地形起伏的情况。有时，线条、对称、简约，成了法式花境的鲜明特色符号。

法式花境的特色与法式园林风格一脉相承。

法国巴黎凡尔赛宫花园花境

1.5.3 美式花境

美式花境在建造中，更多地表现出自由、简洁的特点。可以说美式花境是在英式乡村花境基础上的一种改进，同样喜欢使用大量色彩鲜艳的草本花卉，为了简化风格和群落稳定，花境中会增加一些生长稳定、容易养护管理的木本花卉。美洲大陆气候特点下，很多城市大面积种植草坪效果很好，于是以大面积草坪为背景成了美式花境一大特色。还有一个特点就是美式花境在园林园艺新材料，如树皮、木屑等有机覆盖物方面的探索应用，不但使人们眼前一亮，还将科技和生态理念应用到花境中，同时使整个园林景观空间更为简洁。

美式花境在植物材料选择上更加宽泛、随意，眼界更加宽广、灵活和实用。大草坪作为景观大背景的使用，往往收到意想不到的景观效果，通过视觉对比和衬托，给花境

带来了类似于中国山水画"留白"手法的艺术效果。

1.5.4 日式花境

尽力再现自然之美是日式花境的典型特点，极简、精致、小巧的特征明显。因为空间的限制和严谨的行为习惯，日式花境喜欢在有限的空间内象征自然山水的无限意境。为了表达特殊的意境，喜欢使用生长缓慢、耐修剪的造型植物，如柏科、冬青科、山茶科、槭树科和杜鹃花科植物，再结合蕨类、苔藓类以及水生植物类进行搭配，植物种类相对较少，但更有助于其禅意风格的表达，往往给人以简洁、美观、层次清晰、意味隽永的美感。

日式园林的简约和禅意风格自然也会被应用到其花境设计和建造中，植物素材选择有特别偏好，同时，布局讲求意境的深幽和寓意，带有一种东方的哲思和神秘感。其次就是建造时其制作的精细，层次的一丝不苟等，点点滴滴的细节处都能使人从日式花境景观中一眼看出日本园林的特有风格。

其他一些欧美国家花境形式基本上与以上几种代表风格相似，区别点也就是植物素材选择的本土化以及一些地域传统文化的植入不同，另外再加上园林小品、摆件、装置

日式禅意花境之金阁寺（松柏、青苔和色彩）

新加坡植物园兰园主题花坛花境

日式花境（街头花坛、花盆和市政设施）

艺术的不同而已。

当然，类型划分只是对花境设计建造手法特色的粗略总结，并不能说明某个地域就一定只会或只能使用某一风格、某一类型。比如英式风格、法式风格，在英国、法国等欧洲各地均有交叉使用的情况。

② 花境流行的时代必然性

如果说"时代造就了英雄"，那么，也可以说"时代成就了花境"。

在前一节有关花境的历史根源和文化渊源的追溯中，我们不难发现花境的产生和发展是人类社会经济、科技以及文化发展共同促成的产物。而现代花境的广泛流行，也是与时代发展、物质基础、园林艺术提升息息相关的。

2.1 时代发展的结果

时代大潮滚滚向前，社会发展一日千里。新时代下，我国社会主要矛盾已经转化为人民日益增长的美好生活需要和不平衡不充分的发展之间的矛盾。建设富强民主文明和谐美丽的社会主义现代化强国成为我们奋斗的目标。让城乡变得更美丽，让景观质量更高，是园林人的使命。

根据 2021 年公布的最新人口普查结果，我国 14 亿多的人口中，居住在城镇的人口约为 9 亿，占比近 64%，与 2010 年相比，城镇人口比重上升约 14%。城镇化既是国家经济发展的趋势，也是人们提高生活品质的必然要求。

高度城镇化导致人们生活和工作的环境逐渐远离了自然山水，然而，人类亲近和依赖自然山水的天性却是很难改变的，这就导致人们希望既能享受城市现代化生活的安全和便利，同时也能亲近自然山水的乐趣和美好，能够充分地接触、了解和亲近大自然，放松身心，体悟生命。虽然美丽乡村、田园综合体、民宿等新兴农旅、文旅体验场所能够很好地满足人们亲近自然的需求，但是这些地方一般远离城市，去一次要耗费较多的时间和精力，人们发现最好的办法还是通过城市中配套建设的园林绿化和各种自然生态系统来满足这方面的需求。这也是园林城市、森林城市、生态城市、公园城市等新理念层出不穷的主要原因。

随着物质文明的不断提高，经济社会的发展必然促进人类文明的发展，人们鉴别美、

欣赏美的水平也越来越高，对于园林景观质量的要求越来越高，要求城市园林景观绿化、美化、彩化、香化，要求公园绿地规划科学，设计巧妙，建造完美，养护精细，更要生态化和艺术化。

花境，恰恰巧妙、精准地满足了人们对生活环境美的部分需求。作为园林景观艺术新兴而实用的方式，从进入中国的第一天起就注定契合时代和社会的需求，和家庭园艺、阳台花卉、插花、年宵花等一道，满足了人们追求美好生活环境的迫切需要，迅速成为新的流行景观形式。

2.2 物质基础促成的结果

2.2.1 花境选用的花卉植物种类丰富多样

花境以多"花"为最主要外观特点，而"爱花之心，人皆有之"。人们喜欢花境，顺理成章。

花卉植物品种多，生长快，成型快，很快就能开花，花朵各色各样，而且很多花期很长，多年生长，这就是花境吸引人的最主要特点。

花境植物材料一般以宿（球）根花卉为主，往往还包括开花灌木以及小乔木、藤本等，种类丰富多样。稍大一点的花境区域中花卉植物可能多达上百种。另外，科学合理的植物选材和混合配置在增加了花境小环境生态多样性、稳定性的同时更能实现一年中三季有花、四季有景的丰富季相效果，延长了观赏期，提高了景观品质和景观内涵。

2.2.2 花境设计和建造理念重视立面丰富性和景观多样化

花境中配植有多种类型花卉植物，株型、花色、花期、花型、花序、叶型、叶色等观赏目标亮点极多，丰富美观的立面景观，季相分明、色彩缤纷的多样性植物群落景观，使观赏内涵丰富，不同季节不同条件不同视角均有可观性。

2.2.3 花境景观实践了乔灌草群落配置的生态理念

花境中各种花卉植物高低错落排列、层次丰富，既表现了植物个体生长的自然美，又展示了植物自然组合的群体美。模仿自然形成的美好植物群体景观，自然天成，生机勃勃。结合背景中的乔木林带，花境可以形成合理的乔灌草群落，相较于其他园林景观形式，具有很高的整体观赏性和生态稳定性。花境景观形式不仅符合人们对回归自然的精神追求，也符合生态城市建设对植物（物种）多样性的要求，还能达到低碳排放、节约资源、提高经济效益的目的。优秀的花境常看常新，而且性状稳定长久，养护投入小。

2.3　园林艺术发展的结果

中外园林艺术的交流互鉴，使得肇始于西式园林的花境艺术形式于 20 世纪末进入中国，到了 21 世纪初，大量国外新优花卉品种被国内引进和繁育，植物品种的丰富以及栽植和应用技术的进步，有力地推动了花境在中国的发展，一时间涌现了很多经典的街头、社区、广场、公园花境案例，因其精巧艺术，艳丽色彩，花卉繁多，生长茂盛，生态多样而深受人们的喜爱，逐渐取代了传统花卉种植形式。

同时，精致的庭院花境、家庭园艺、主题公园的花海等花境花带的变体层出不穷，同样引人入胜，一时大有"无花境不公园，无花境不造景"的趋势。

现在，花境景观形式已经普遍应用到全国各地的城乡景观中，且地域特色和文化艺术内涵也得到不断提升，成为园林景观中最喜闻乐见、得心应手的一种应用形式。

主题花境（动物园）

3　花境文化

3.1　汉语语境中的花境

3.1.1　中国文化中的"花境"——花之境

"花境"，从中文的字面意思去理解，即花卉植物所营造的场景和意境。是一种广义的花境概念，与现代花境有着一些较大的区别。（详见第四章第一节："此'自然'非彼'自然'——现代花境的自然式配植与中国古典园林植物配植意境的不同"）

3.1.2　花径

花径指两旁栽植花卉的小路，或者说开满（落满）鲜花的道路。意思上和我们今天

花之境
花境文化与实践

说的公园路、景观步道等名词有些类似。唐代诗人杜甫的七言律诗《客至》就有"花径不曾缘客扫，蓬门今始为君开"。

花径

有意思的是中国真有一个以"花径"为名的地方，就位于江西省九江市的庐山牯岭街西南方向2千米处，海拔约1035米，曾是庐山历史上的三大名寺（西林寺、东林寺、大林寺）之一的大林寺所在地，此处还曾是唐代大诗人白居易咏《大林寺桃花》诗的地方。"人间四月芳菲尽，山寺桃花始盛开。长恨春归无觅处，不知转入此中来。"在唐代，这里被人们誉为"匡庐第一境"。

"花径"一词，无论从字面意思，还是从历史渊源上看，都与园林景观关系密切。若再结合诗词文化的附着，更是让人浮想联翩。真是无意中契合了当今花境的状况。

3.1.3 《花镜》

《花镜》是明末清初陈淏所著的一部有关园艺栽培、管理的书籍。

在笔者看来该书应该和清朝李渔的《闲情偶寄》、明末造园家计成的《园冶》、明文震亨的《长物志》、清代张潮的《幽梦影》等一起成为园林行业从业者推荐阅读书目。

3.2 花境的人文情怀

因为植物品种丰富、环境复杂，景观效果要求较高等原因，花境的设计、建造和养护管理并不是件容易的事情。

如果将花境看成一个有机生命体，那么从策划、设计、建造、生长到日常养护管理、鼎盛、衰败、更新或灭失，它也存在着类似于"生老病死"的生命周期。建造什么样的花境，如何对待花境，往往反映一个建设者的心境，甚至园林园艺的格局。

3.2.1 尊重自然

自然界有些限制性规律我们必须掌握和遵循。

从花卉植物种植的角度来看，种植地如果是狭小的种植池，花境设计时就不应该选择株型较大、生长迅速的乔木及灌木，而应该选择宿根草本花卉或者生长缓慢的低矮乔木及灌木，如松、柏、紫薇、黄檀等。

如果是为了实现纵向高差错落的几何构图美，需要在狭小的种植池中种植较高、速生乔木、灌木，那么后期的养护管理中就必须配备各种灌溉设备，同时还要有追肥措施，要配合适时的修剪、复壮类的养护保障，甚至适时更新、更换品种。

如果在干旱的地区选用了喜水湿的花卉植物作花境材料，那么就必须配备必要的喷灌和遮阴等设施，而且养护中必须有针对性的水分平衡措施。

一般而言，梅花、樱花、桃花、海棠、紫叶李、木槿等自然生长为球状、杯状株形的花灌木，其地下根系是侧根发达，主根较弱，浅根或半浅根性，抗旱能力较弱。如果将其种植在城市道路的中分带、侧分带中，由于其土壤厚度较小，且底层有沥青等建筑材料，与深层土壤隔绝，难以与深层土壤形成水、肥、热的交换，植物生长困难，遇到极度高温干旱或者寒冷潮湿的年份，就容易出现大面积死亡，即便采取了保护措施也难以避免。有时，即便香樟、银杏、马褂木等高大根深的乔木栽植在这样的环境中，遇到极端灾害气候，也会出现大面积死亡。

花境配植中，如在特殊环境中栽植花灌木等植物，必须充分考虑植物在极端条件下的耐受力，配备必要的土壤环境自动监测装置，尤其要监测含水量，还有自感应喷灌、滴灌设施，防止夏季极端高温干旱导致的植物死亡。高大乔木也不能掉以轻心，尤其在栽植初期和老年期，应做好养护措施。

花境是园林艺术中的"精细品"，无论是设计还是建造，都应该仔细地雕琢、打磨，并需要一定时间的精耕细作和持续的精细养护，有些花卉适合幼苗栽植，有些适合播种，即便耗费时间较长、现场条件有限，也要想方设法保证其初期成活和生长良好，最终实现最佳的设计效果。不能着急，不可敷衍。

花境以尊重、遵循和模仿自然生态体

自然花境（科普花园）

系中的环境背景和植物特性为特征，每个成功的花境都凝结了设计和建造者无数的经验、智慧、汗水和耐心。

3.2.2 应时而作

人工花境的生命周期一般为 3~5 年，如果选择使用生长缓慢、适应能力强的植物，其生命周期甚至能达到 10 年以上，其延续的时长既与选择的花卉植物品种有关，更是与后期的养护管理水平有关。

对于新建植的花境和成熟鼎盛期间的花境，其养护管理的重心是不一样的，前者要注意水肥供给和植株恢复，后者应着重于修剪、防倒伏、病虫害防治和协调群落内部的良性竞争。

到了花境老化、衰败阶段，养护管理则要偏向修剪、分株、追肥、土壤更新，必要的时候需更新改造，甚至废弃重建。

花境，需要我们应时建植和精细、科学地养护。如何认识和对待生命周期不同阶段的花境，考验园林工作者的耐性和务实精神，更体现人文情怀。

3.2.3 敬畏之心

自然界形成的野生花境，能持续数十、上百年甚至更久，其植物生态群落的稳定性机制值得深入研究和学习借鉴。

表面看起来一直延续不断、性状稳定的自然野生花境，其群落内部的植物个体、品种更迭、兴衰从未间断过，只是不通过长时间、连续、仔细地观察研究，是根本发现不了的。大自然这双神奇的手在无形中默默地维护着自然野生花境的景观效果和生态稳定。人工栽培花境面临很多深层次问题，如宿根、球根花卉植物老化的根系、种球对新生植株体的影响，又如土壤营养的动态平衡和持续补给，还有群落密度的保持和病虫害的适应等。我们需要向大自然学习，从品种搭配、种植密度、枯枝落叶处理、微生物群落等系统生态方面着手研究和实践。

百年不遇甚至千年不遇的异常气候、自然灾害，有可能彻底打破一个区域野生花境的稳定状态，甚至造成野生花境的彻底崩溃。相较而言，人工花境就更加脆弱。所以花境从业者，必须始终抱着谦虚

野生花境（新疆）

谨慎的态度，对大自然怀有敬畏之心。

笔者在 20 多年来的宿根花境建造实践过程中，逐渐意识到自然界存在的生态演进和退化的趋势是难以抗拒的，比如在小型人工湿地花境中，如果不加以人工干预，水面很快就会被香蒲草、芦苇、喜旱莲子草（别名水花生，苋科莲子草属多年生草本植物，外来入侵物种）等竞争势强的植物所侵占，而人工种植的再力花、千屈菜、花菖蒲、美人蕉、慈姑，以及莲花等湿生植物很难存续。相对而言，大型自然湿地，水深足够，水位相对稳定，就有其自身维护生态平衡和稳定的机制，一般不容易出现湿地退化，只是其原理人类尚不完全掌握罢了。

常被运用于花境的紫花地丁、白花地丁、蒲公英、地笋、臭牡丹、红花石蒜等野生植物的自繁、蔓延能力非常强，在花境中很容易侵占周边草坪或者侵蚀其他花境植物，导致植物死亡和品种单一化。而在江淮地区种植丛生福禄考、地被石竹、鼠尾草等引进花卉品种，因为其自身竞争力和江淮地区的气候原因，即便精细养护，也难以阻挡其迅速衰败，最终退出花境。

笔者参与的南京滨江风光带湿地提升恢复工程，为了营造湿地花境景观，曾在南京鱼嘴湿地公园江滩漫地的栈道区域，人工种植了很多湿生的美人蕉、再力花、黄菖蒲、千屈菜、鸢尾、梭鱼草等，但经过几年的演变，尤其是 2016 年、2020 年的长江高水位，长时间地冲刷、浸泡后，这些植物逐渐死亡、消失，而芦苇、芦竹、荻、芒草、野薄荷等却迅速繁衍起来，恢复甚至超过以前的态势。另外，在常年漫水的地势低洼滩涂，水芹、马兰头、茼蒿、火炭母（蓼类）、藨草、菰草及其他禾本科植物等也高密度地繁衍了起来。杠板归、鸡屎藤、葎草等藤本植物更是疯狂蔓延。半干半湿的交接和过渡区域，大量桑树自播成功，成了一大片茂密的桑树林，演绎了现实版的"沧海桑田"故事。

自然界缓慢但是真切地用宏大的手法和事实告诉我们，要了解自然、顺应自然，才能借力自然，只有在发扬自然之光的基础上，展现人类创造的能动性。

3.2.4 功利与责任

现代花境在中国逐步兴起的这二十多年恰恰是中国社会主义市场经济迅速发展的时期，园林景观工程井喷式爆发，这给园林工程从业单位创造了巨大的发展空间，在此期间很多设计、施工单位迅速成长壮大。但是，设计和施工单位在园林景观设计和建造中只重视前期视觉效果而忽视后期管养状态、养管投入的问题一直没有得到很好的解决。即便工程管理各方有意延长工程施工质量保证期——质保期，也无法彻底解决园林景观，包括花境的后期质量不佳的问题。过了质保期后，园林景观品质就会迅速下降。

如果说过去的三十年是园林景观建造的黄金时代，那么，后续的二十年将是园林景

观高质量建造和精品化管理的白银时代，尤其是以景观绿地高质量养护管理取胜的时代。以花境为例，从所涉及的各方面要素和持续时间长度来看，养护管理的复杂程度比设计建造时更高，更需要有专业技术支撑和社会责任感以及管理能力。

建造精品园林景观，体现的是工程技术，而持续管理的精品园林景观，则体现的是人文情怀和工匠精神，是园林文化，更是一种社会文化在园林行业上的外化。

另外，实践证明，城市更新，提升改造，策划增设花境需要考虑其前提条件，在具有一定专业技术和专职养护人力保障的公园、广场、街头绿地区域是可行的，而对于缺少维护管理技术、经验和经费的地区，则应该谨慎。无论是前期设计不合理、建植不科学、施工质量粗劣，或者是后期维护不到位，都会导致花境退化、衰落，甚至失败，最后不得不废弃。这样既浪费了投资，更有可能让人们对花境失去信心、敬而远之，对于花境艺术的发展也是一种阻碍。

"花无百日红"，在以花卉植物为主要材料的园林花境景观中，随着花卉的凋谢、枯萎或衰败，必然带来花境的过程性"低潮"或者生命周期性"衰败"，这是自然规律，应该理解和接受。期望设计建造永远"花团锦簇""长盛不衰"的花境，是不现实的，即使有，那也是经过不断的更新改造过后呈现的效果。

在这点上，不但设计、建造和管理者应该有理性的认识，业主（甲方）也应该能够理解和包容。

总之，建造花境需要有冷静的思考，良好的心态，欣赏花境也需要有平淡和包容的心境。花境的流行、发展和变化，或许能在一定程度上折射出整个社会的心理，反映人们对于城市建设的沉稳心态、长远考量，对于园林景观美的欣赏和包容，对于人生美好的积极向往和对待荣辱得失的从容淡定。

3.3 花境的文化内涵

花境的设计和建植，其中园林植物的搭配和使用，反映了设计师对自然界花卉植物的认识，也充分体现了设计、建植者的园艺学知识和美学素养。同时，因为花卉植物本身所具有的文化、地域属性，花境也就因为所选择使用的花卉植物而间接地体现了不同地域、场景或时代的人文文化。

3.3.1 色彩文化

花卉植物色彩文化也是人文文化的代表之一，例如在花卉植物色彩使用上，南京人不太喜欢白色，所以，在主干道和居民小区等区域设置花境，就不会用太多的白色系花卉植物，连草花中白色品系的**大花矮牵牛**、**非洲凤仙**、**长春花**等都较少使用，除非作为少量的对比色用。白花的**蜀葵**、**白花夹竹桃**，都不会太多地种植在居民生活区。相较而言，上海、杭州等地对白色系花卉植物的使用更多一些。在深圳、广州等南方城市，色彩的偏好和禁忌更加复杂、多元。

在国内，为了表达对逝者的尊敬，坟墓多设置在安静、偏僻的区域，平时不去打扰。但是西方却完全不同，这一点在花境设计建造中也有体现，曾经有设计师照抄西方国家街头景观的设计风格，在南京市中心的一个广场上设计建造了一个花坛，对着十字路口的主视面是个倾斜的时钟造型，钟面上用白色花卉种植出 12 个小时的标尺，安装了机械指针在上面"嘀嘀嗒嗒"地不停旋转。花坛背面看像个坟墓。整体花境效果是寓意时光催人老，告诫观者只争朝夕，努力向前。但是，就是因为从后面看太像坟墓，而且正面的造型还像花圈，屡屡遭敏感居民的投诉，最终不得不拆除了。

其实不是居民敏感，而是设计者不了解地域文化符号、植物本身的寓意，没有掌握中西传统文化的核心差异，最终造成了不恰当设计。

3.3.2 植物文化

花境中一旦使用到一些具有明显文化符号性的植物，就更容易使整个花境具有一定的文化特色。

3.3.2.1 "蕉"与"焦"

在南风花境、夏花花境中常会用到芭蕉、美人蕉等速生、浓荫、大叶植物。然而，因为汉字"蕉"的音通焦虑的"焦"，所以，容易让人联想到焦虑和伤悲，宋代李清照在《添字丑奴儿·窗前谁种芭蕉树》中，写道："窗前谁种芭蕉树，阴满中庭。阴满中庭，叶叶心心，舒卷有余清。伤心枕上三更雨，点滴霖霪。点滴霖霪，愁损北人，不惯起来听。"词人因雨打芭蕉声引起愁思，真是"雨打芭蕉闲听雨，道是有愁又无愁"。

清代文人蒋坦所作散文集《秋灯琐忆》记述他与妻子秋芙谈诗论画，缱绻相依的夫妻恩爱情怀。书中有诗《一剪梅·芭蕉》："是谁无事种芭蕉，早也潇潇，晚也潇潇……"，以植物寓意沉郁情思。其实，芭蕉还是那株芭蕉，心情好的时候，人们檐下窗前，听雨打芭蕉，清幽入梦闲情长。可是心情不好的时候，就会怪罪种芭蕉带来"幽怨"，隐含的不吉祥。

有时，庭院景观的窗前种芭蕉，浓荫翠绿，风摇雨滴，就是要创造一种闹中取静的境界。但是，为了避免产生歧义，在大众花境中就要适当避免用带"焦虑"寓意的芭蕉等植物。尤其是庭院花境，更要注意。

3.3.2.2 "竹"与"哭"

园林景观中出于追求高风亮节的文化寓意，以及清秀典雅的视觉效果，各种竹子的

使用相当广泛，但是，在居民区附近的花境中使用竹子，却要小心。有俗语"门前种竹，主人要哭"，原因可能是"竹"，常被拟声成了"哭"。另外一个原因可能是在房前屋后种植竹子，因竹鞭过强的蔓延和穿透能力容易导致土坯房子、土坯院墙的损坏，在大量经验的基础上人们总结出口头禅告诫后人不要在房前屋后种植竹子。虽然现在不会再用土坯砌墙，但是，文化传统却延续了下来，园林中种植竹子的文化禁忌仍然存在。

在花境中使用竹子作背景时确实需要注意其过强的竞争力给其他花卉植物带来的影响。笔者的经验是在使用竹子时，为了防止其过度蔓延和遮蔽光线，一般只用于建筑或围墙的拐角花境中，其生长空间自然被限制住。如果在普通花境中使用，除了竹子品种需合理外，还应给竹子种植池设置一道 30 厘米以上深度的砖砌挡墙，限制竹鞭蔓延。

3.3.2.3 "柳"与"留"，"梨"与"离"

北宋苏轼的《水龙吟·次韵章质夫杨花词》"似花还似非花……不是杨花，点点是离人泪。"柳絮、杨花，自古都是寄托离别情怀的春季植物，因为"柳"与"留"音近，所以灞桥折柳以送友人成了文化符号。在花境中常使用的花叶杞柳、刺梨、棠梨等观赏植物，无意中就带有了一些人文主题特色，给花境赋予另外的内涵。

3.3.2.4 "桑梓"

历经漫长的农业社会，农耕文化深植中国人的行为和风俗中。古时，自然村落人家的房前屋后，遍植桑树、梓树，久而久之，形成"桑梓之地，父母之邦"的说法。以至于"桑梓"成了故乡、家乡的代名词和象征。看到桑树、想到桑树，就会联想到家乡。又说家乡的桑树和梓树是父母种的，所以要对它表示敬意，以示思念和尊敬父母，后来还形成了成语"反哺桑梓"。所以，在花境的文化符号使用中，可以合理使用这些植物作背景乔木，以凸显"不忘故土情"的花境主题。

3.3.2.5 "楷模"与"榜样"

"楷树"指黄连木（*Pistacia chinensis* Bunge，漆树科黄连木属），落叶乔木，在明朝王象晋著、清朝学者汪灏改编的《广群芳谱》和清初刘献廷著的《广阳杂记》中均有记载。秋冬红色果实，纤秀羽状复叶的叶片橙黄艳丽，典型的秋色叶植物。其木材细致，质地柔韧，久藏不腐，亦不暴折，雕刻而成的器具玲珑剔透、木纹如丝而不断，名曰"楷雕"，是一种很出名的工艺品。据传黄连木最早生长在孔子墓旁，挺拔俊秀，优点众多，似乎是众树之楷模，所以才叫"楷树"。

"模树"即杜梨（*Pyrus xerophila* T.T.Yu.，蔷薇科梨属小乔木）。别名棠梨、野梨、酸梨、豆梨、鹿梨、鸟梨等，江淮地区土语"棠溜树"，形容其果实味道酸溜溜。是很好的农家木材，也是园林中鸟类的食源植物。树叶四季变化，春叶青翠碧绿，夏叶赤红，秋日变灰白，冬日变焦黑。因其花和叶色泽纯正，"不染尘俗"，亦为诸树之榜样，相传此树最早种植在周公的墓旁。

从花境运用角度看，楷树——黄连木是较好的秋色叶花境背景乔木，可以设置在花境的远端，形成竖向高差，秋色叶和果实均具有一定的观赏性。且其适应能力比红枫强，寿命远长于漆树科植物，有利于长效养护管理和景观效果体现。

在园林景观中，各种观赏海棠类用的嫁接砧木就是模树——杜梨。我们经常会见到，由于接穗死亡而砧木成活，原本栽植的垂丝海棠等花灌木最后长成了棠梨。实际上棠梨也具有非常好的观赏性和文化价值，可在花境背景中用作花灌木，春花雪白灿烂，秋果红紫，冬色叶黄，且生长强健，适应性强，养护简单。花境使用可以充分挖掘其"楷模"的文化资源，形成新的观赏亮点。

3.3.2.6　翘楚与俊杰

古汉语中，"翘"，本义为鸟尾可上举的长羽，后引申指抬起、扬起的意思，又引申指杰出、拔尖之材。

"楚"，本义是丛生的树丛，又指一种落叶小灌木——牡荆。有时为小乔木，枝干坚劲，可做棍杖。《诗·周南·汉广》："翘翘错薪，言刈其楚。"随着使用的广泛，"楚"逐渐泛指植物丛莽。

"翘楚"，词义综合两个单字的意思，原指高出一般灌木的荆树。后引申作为超群出众，出类拔萃（人或物）的意思。《四库全书总目·小说家·西阳杂俎》："自唐以来，推为小说之翘楚，莫或唐也。"

目前在花境中颇为广泛使用的**穗花牡荆**（*Vitex agnus-castus* Linn.，马鞭草科牡荆属紫花灌木，高可达 2~3 米），具有很好的观赏价值，很强的适应性，超长的花期，圆锥状聚伞花序，挺拔艳丽的紫色花非常惹眼，衬托其他花卉更加显眼，是难得的环境烘托型花境材料。穗花牡荆确实可算是花灌木中的"翘楚"。

3.3.2.7　椿萱并茂与父母健在

椿萱并茂指椿树和萱草都茂盛，现比喻父母都健康，是个褒义词，语出《庄子·逍遥游》。"上古有大椿者；以八千岁为春；八千岁为秋。"因大椿长寿，古人用以比喻父亲。《诗经·卫风·伯兮》："焉得谖草，言树之背"。"谖"同"萱"，"萱草"为忘忧之草，古人用以比喻母亲。上古时因为生活和医疗条件限制，人的寿命普遍较短，中国人以孝悌为最高美德，所以用植物来寄托对父母健康长寿的美好祝愿，并选择身边常见的"椿树""萱草"作代表。

花境使用中，椿树较少，而萱草很常见，其品类也非常丰富。在养老院、老年社区等地方的花境中可以有意多使用，且设置解说牌引导其文化内涵的凸显，将花境的文化、

人文"意境"推向新高度。

与椿萱并茂类似，与植物有关的成语还有棠棣同馨。

棠棣指的不是棣棠，而是郁李，一种著名的春季繁花灌木，花境中理想的灌木类观花材料。《诗经·小雅·棠棣》中有"棠棣之华，鄂不韡韡，凡今之人，莫如兄弟。……"这是首描写周人宴会兄弟时，歌唱兄弟亲情的诗。诗篇对这一主题的阐发是多层次的：既有对"莫如兄弟"的歌唱，也有对"不如友生"的感叹，更有对"和乐且湛"的推崇和期望。真诚告诫人们，只有"兄弟既翕"，方能"宜尔室家，乐尔妻帑"。简单来说，就是兄弟和睦是家族和睦、家庭幸福的基础。在现代花境设计和使用中，很少有设计师和建造者能知道郁李居然具有劝喻兄弟同心、家族兴旺之意。

另外，绝大多数中国花卉植物，都或多或少地凝聚着人文文化和精神寄托，应用于园林景观中，花卉已经不仅仅是花卉，更是一种精神的象征和文化的代表。如古典名称的荼蘼、珍珠珮、楔楂、半仗红、香藤、素馨、木樨、荷秧、紫笑、玉蝴蝶、紫草、十样锦、红花、山丹、剪金、红钵盂、箬兰、碧芦、醒头香、紫苏、菱花、林檎、佛见笑、金长春等。现代常见的牡丹、芍药、兰花、菊花、月季、蔷薇、海棠、杜鹃、荷花、水仙、凤仙、栀子、茉莉、玉簪、鸢尾、百合等传统花卉植物，几乎每一样都凝练着深厚广博、精彩多元的人文文化。

还有很多中国特有花卉植物具有深厚的文化底蕴附着，将来可以运用在花境中形成具有中国特色的花境类型。

同样的，大多数西方花卉也都有花语、花信等文化寄托形式。所以在景观设计，包括花境设计和建造中，可以有意识地挖掘使用，或者合理规避一些忌讳，使得花境的外在形式与内涵一样丰富、美好。

4 与花境相近的园林景观形式

4.1 花坛与花境

花坛，起源和流行比花境早，但是从广义的角度进行分类，花坛可以归属为花境的一种特例。

4.1.1 花坛和花境的不同

花坛和花境比较起来，主要有以下几个方面的不同：

第一，花坛的边界一般是规则的，直线、圆或者其他几何线条，且多半有硬质的种植边界，而花境的边界多半是自然的，随意的，很少有硬质边界。

第二，花坛植物的布局和造景多半是规则的，会被布置或者修剪成规则的几何图形，重点突出几何美加上花卉自身的美，借此取悦观赏者。而花境景观植物造景多半是强调个性和自然，在充分展示花卉素材个性美的基础上产生和谐的群体美。

相对而言，花境的设计和建造艺术难度更高，发挥的空间也更大。

第三，从艺术流派上来看，花坛应该缘起于法式园林风格，多半有厚重规整的花坛砌筑体或容器，种植规整、造型的花木，比如法国凡尔赛花园的花坛，就是典型的规则式园林的代表。而花境的艺术流派更偏向于英式，在呈现形式上更注重凸显纯自然野趣、田园风格和人文风格。

第四，花坛，偏向于人造，人的主观意志更多地体现在其中。就是因为人为控制因素，比如素材选择、修剪、矮化等措施，所以花坛植物一般高度不高。但是，通过辅助人工材料（比如钢架、器皿）的托举或者通过垂直绿化攀缘支撑物，使得整体竖向高度能达到很高。花境植物的整体竖向高差大于花坛，如依据山势地形等栽种则会高差更大，同时，植物本身的高度也有很大的差异，从而可以表达高低错落的竖向艺术构图美。比如，一个自然式花境中可能有桧柏、柳杉等小乔木做背景，中间层衬托类似花叶杞柳、黄金香柳、红枫、红千层等植物，前景是丰富的宿根（球根）花卉，从而达到即便不借助地形，其竖向高度也有可能达到数厘米至数米的高差。

第五，花坛的规划设计和建造，具有很强的目的性，比如地标，比如道路分割线，比如建筑物或者交叉路口的视觉焦点区域等。而花境却不会有如此强的目的性，一般而言，花境的艺术美化的目的远远大于其功能性。

第六，花坛的面积一般不大，其内植物配置多半是时令花卉，一两年生草本，特点是绚丽、精彩，但是花期时间较短，需经常更换，维护成本高，适合在体现节庆氛围和重大活动时使用。而一般花境的主要植物素材是宿根、球根花卉植物，多年生，常年观赏，不需要经常更换，维护成本较低，缺点是很难达到集中开花的效果。

第七，立体花坛（包括部分绿雕）是花坛的特例，可以借鉴垂直绿化的一些手法和技术，将各种雕塑造型（尤其是动物、人物、建筑、小品造型）用植物素材栩栩如生地表达出来，凸显人工趣味和植物特色。而花境，一般不具备这种功能。

立体花坛的植物素材需要认真选择，需耐旱耐强光，比如**佛甲草**、**垂盆草**、**金叶景**

天、五色草、半枝莲、石莲、银香菊、宝石花、过路黄、嫣红蔓、红莲子草等。非洲凤仙、半边莲、舞春花等也经常被使用。

笔者认为花坛和花境两种园林艺术手法关系密切，设计和建造理念可以互相穿插和借鉴，功能可以相互转化和兼顾。

总之，从宏观上来说，花坛，是花境的一种特殊呈现形式。

另外，与花坛几乎同时出现的景观形式——花带，更可以看作是带状的花境，是花境的一种相对简单的平面布局形式。

4.1.2 花坛设计、建造中的优点可以为花境所借鉴、吸收

花坛作为常规的园林造景模式，在国内的应用时间比花境久远，园林人在实践过程中不断地总结花坛造景的经验教训，提升设计和建造的技术、艺术，积累了丰富的养护管理经验，所以，花坛也具有诸多优点，值得花境吸收、借鉴。

4.1.2.1 空间设计

花坛的平面造型、竖向高低等可变化空间较大，设计者可以实现其非常灵活、多变、精致的效果，甚至可以达到艺术夸张的程度。有时，仅花坛的硬质外观效果就能成为人们视线的焦点，而栽植花卉后更是锦上添花。

我们可以利用花坛边缘的几何线型凸显、限制或者规范栽植床内花卉的种植范围，弥补花卉植株生长参差不齐的弊端。一些花坛本身就具有艺术欣赏价值，精美的几何形状，各异的花坛材质，考究的面层质地，甚至有的兼具坐凳功能等，都是花坛的优势。

在花境设计和建造中，应该有必要的边界设计，有时我们可以在局部或者全部边界设置艺术边沿，或高低错落，或曲线流畅，或外观炫彩，与花境的植物景观效果相得益彰，甚至叠加一些实用功能，如台阶或坐凳，将大大拓宽花境的思路，或使花境的实用效果更上一个台阶。有时，花坛式花境边缘也具有约束强势花卉植物生长界限防止恶性扩张蔓延的作用。

4.1.2.2 功能性花坛设计

一些芳香植物，如香水百合、香水月季、黄金香柳、小叶栀子花和唇形科的百里香、薄荷、荆芥、迷迭香等，一般露地栽植，游人需要弯腰低头才能闻到香味，容易被忽视，而通过高花坛（花台）方式种植，花卉植株与人视线、鼻子差不多高，使其芳香气味更容易达到受众——游

功能性花坛

憩者的嗅觉范围，这样就更有利于吸引游人驻足欣赏、亲近。

花境设计和建造中也可以巧妙地通过地形，有意地将香花类植物靠近游人，或者将需要仔细观赏的花朵、叶型等花卉的观赏点凸显给人们，这样就更容易引起观众的注意或共鸣，达到设计意图。

4.1.2.3 花坛的边缘设计

对于一些游客量大的核心景区、交汇口等园林景观区域，露地种植的花卉很容易受到游人的损伤，而花坛则可以利用花坛边缘起到保护花卉植物的目的。

有时，花坛甚至就是交通岛，或者是步道分隔带，花坛中的花卉，属于附带的美化功能。

在花境设计、布局中也必须考虑游客旅游动线和交通安全等功能性需求，保证景观艺术效果的同时更要考虑花卉的成品保护，吸收和借鉴花坛花带硬质边沿保护的经验，很有必要。尤其是一些热门景区，高峰期游客量较大的景点，无人值守角落，游客素养尚待提高的地区，这方面的功能设计非常必要。

4.1.2.4 花坛的局限性

花坛景观形式也存在一定的局限性，花境设计中需要着力避免。

比如，花坛建造时，首要考虑的问题往往并不是植物的选择和配植，而是土建的设计和施工，包括投资的测算，因为土建会占据主要的建造预算。根据功能需要设计单面花坛或者四面观花坛，花坛的砌体材质，花坛的高度、大小、位置等都要考虑，还有设计几何风格的选择、砌体结构等，不可避免地冲击园林植物景观的艺术表达。

国际上，成熟的花坛设计和建造往往表现得高度简约化，比如设计好花坛，回填客土，面层铺上有机覆盖物，再根据具体需要，点缀式栽种一些花卉。在确保不黄土裸露的基础上实现经济、长效化的生态、集约、低碳设计目标。

鉴于花坛中边沿硬质的优、缺点，花境设计建造中必须因地制宜地借鉴和选用，不可生搬硬套，更不可买椟还珠、本末倒置。

从广义上讲，花坛也是一种特殊形式的花境，在利用植物群体美设计和布置花坛花境的时候，一定要认识到，规模和尺度毕竟是有限的，以及色彩的群体美与个体美也不可能摆脱植物自然生长规律的限制。花坛花境再美，也无法取代楼宇、城市雕塑等高大、宏伟的建筑、市政主体效果，花境中的花卉无法取代行道树、主景树等高大乔木的生态和环境功能地位。

设计花坛花境时，首先要认清其从属地位，不能喧宾夺主。

作为交通岛的花坛花境，有时花卉布置不宜太花哨，否则可能遮挡驾驶人员视线或者分散驾驶者的注意力，带来不利影响。有时，出于安全和功能考虑，主干道、快速路

花坛花境

绿化带内不建议设置花境。

还有，传统的花坛花卉布置形式更容易展现庄重、规整、大气的节日庆典或者严肃环境之美。此种情境下就不适合布置自然风格为主的花境。为了活泼氛围，增加品种或者情趣，可以在花坛的正中心、靠近建筑物的拐角等区域，在规则式花坛中局部布置一点自然式花境，不失为一种创新和调和。至于比重的把握，则要看具体的环境和设计意图。

这种花坛中巧妙糅合花境艺术的手法，在日本和西方国家一些成熟案例中较为常见，目前国内也逐渐看到一些尝试的案例。

4.2 花圃——生产型花境

花圃基本都是人工化的花卉生产培育园，有的可以看作是功能独特的一种花境形式。

花圃多是指生产草本花卉的地方。传统的花圃，从功能上可分为服务于科研、教学、陈列、展览等用以公益性为主的花圃和以生产各类花卉苗木供应市场需要为目的的生产经营性花圃两类。如中国菏泽的牡丹、芍药花圃和漳州的水仙花圃均属大田式生产经营性花圃。而南京江宁的花博园、江浦的艺莲苑等花圃以品种研发、教学和展览为主要目的，则属于第一类。

我们或许可以从古人诗词中窥见古代花圃的面貌。如唐朝耿湋在《会凤翔张少尹南亭》诗中写道："草檐宜日过，花圃任烟归。"宋人欧阳修在《答端明王尚书见寄兼简景仁文裕二侍郎》诗之二中写道："尚有俸钱沽美酒，自栽花圃趁新阳。"古诗里这样的花圃是一种兼具生产和欣赏功能的私家花园。

随着社会经济的发展，城乡环境，尤其是景观环境都发生了天翻地覆的变化。诸如特色小镇，美丽乡村、田园综合体所支撑的乡村旅游业的拓展，农家乐的兴起，促使很多园林苗圃、花圃在原来农林生产功能的基础上开始拓展其花卉展示、娱乐功能，挖掘潜在文旅资源优势，服务于观光旅游业。在苗木和花卉的种植中开始讲求环境艺术，注重品种搭配和艺术配比，尽力做到生产和文旅运营两不误。花圃，苗圃，变得越来越多元化、越来越美丽、整洁，向花境方向转变，甚至将特殊花境当成了苗圃、花圃的一种形式。

这样的花圃，已经不仅仅是花卉苗木生产圃地了，而是具有一定的景观效果和观赏功能，成了花境的特有类型了。

在现代城市化发展和产业规划调整中，半小时到一小时车程的都市圈覆盖到的近郊休闲农文旅产业成为新的热点，其中，很多原址在郊区的花卉园艺生产基地也被纳入城市休闲文旅的范围，其得天独厚的地理区位优势是其他文旅产业所不具有的，其中美丽乡村休闲旅游，系统地将原来的城郊农林生产功能进行升级改造，在农林生产功能基本不受影响的基础上，叠加文旅功能，大大带动新兴产业的发展，满足城市居民就近体验乡村自然景观和文化的需求，拉动内需，市场前景广阔。

在美丽乡村、特色小镇等现代文旅产业的建设、运营中，景观效果是基础条件之一。为了全面提高城郊、乡镇的景观效果，有的省份在特色小镇建设规范中强制要求达到国家 3A 级景区的标准。于是，乡村民宅、生产基地等园林景观化进程加快，花境理念也得到推广应用。

规划和设计上，充分运用园林景观规划建设的方法对原来零散的花圃、苗圃进行提升改造，对于提高环境景观水平效果显著。在一些恰当的尺度和空间中，使用花境艺术手法，将使花圃等农林业观光休闲景观效果大大提升。

4.3 寺庙花境——清幽淳朴的植物意境

僧侣们为了更好地修行，多注重寺庙环境营造，不仅寺庙位置多处深山老林——所谓"天下名山僧占多"，而且，寺庙内部的环境也多是曲径通幽，花木扶疏。

说到寺庙，就会想到"伽蓝"，伽蓝即梵文"僧伽蓝摩"省略语，意为大众共住的园林，是佛寺的意思。从梵语原意中即不难理解园林花木景观对于寺庙的作用。可以说，寺庙是一种有形的园林景观与无形的佛教修行意境融合的场所。

寺庙中修行的僧人需要参与各种劳动，在劳动中修行佛法，如耕种、洒扫、打柴等。在寺庙的后院多半设有花圃，种花养草，陶冶僧侣情志的同时也更有助于他们开悟佛经佛理。

寺庙园林中的花园，也是一种特殊的花境形式，且常常与菜园相伴、融合，其特点是清幽淳朴、自然、素雅，兼具生产、生活和欣赏功能。其中，花木多种植一些竹子、牡丹、芍药、大丽花、万年青等简洁大气、寓意深沉的花卉植物。

北魏时期杨衒之所著的《洛阳伽蓝记》，记述了 1 600 多年前北魏洛阳寺庙兴废的历史，很多地方涉及了寺庙园林景观布局和诸多奇花异木。当时中原地带，寺庙中选用的树木品种有松树、柏树、柽柳、椿树、栝木、枳树等。如永宁寺中"栝柏椿松"，正始寺中"青松绿柽，连枝交映"，景明寺中"松竹兰芷"，宝光寺水池景观"青松翠竹，罗生其旁"。城内愿会寺佛堂前的"神桑"——长势外观和盆景艺术的"三弯半"一样，

一层层地共有五层枝条，每层上结的桑葚居然还不一样。

出于美观更是出于实用的角度，寺庙中不乏果树种植，还种有蔬菜等，如"京师寺皆种杂果"，"伽蓝之内，花果蔚然"。景林寺"寺西有园，多饶其果"，灵应寺"时园中果菜丰蔚，林木扶疏"，白马寺"浮屠前茶林蒲萄异于余处，枝叶繁衍，子实甚大。……"京师语曰"白马甜榴，一实值牛"。

寺庙中种植的观赏类花卉植物有**竹**、**香草**、**合欢**、鸡头鸭脚之草（鸡头，鸡头果——**芡实**；鸭脚，鸭脚木类，鹅掌柴属的植物，类似现代常绿观赏花木）、**兰**、**菊**、**萍**等。如瑶光寺"珍木香草，不可胜言。牛筋狗骨之木（牛筋指檍，音 yì，是古书上说的一种树，木材坚韧，可做弓弩等；狗骨即枸骨，常绿灌木或小乔木，现代园林中常用刺篱植物），鸡头鸭脚之草，亦悉备焉"。景林寺"芳杜匝阶"，高阳王寺"其竹林鱼池，侔于禁苑，芳草如积，珍木连阴"，大觉寺"兰开紫叶，秋霜降草，则菊吐黄花"，法云寺"伽蓝之内，花果蔚茂，芳草蔓合，嘉木被庭"等。

寺庙古籍中很少专门记述寺庙园林的花境艺术和品种，但即使是随意带过的寥寥数笔，也足以让人领会到寺观园林中花境艺术的清幽古朴韵味。

严格来说，中国古典寺庙园林中的花境形式特色并不明显，规模也不大，设计理念也不系统，与现代花境的性质相去甚远。然而，中国古典寺庙园林中花境艺术在后来的日式禅宗园林中得到大量使用，通过特殊植物，营造特别的意境，以狭小空间、小尺度景观比喻无穷宇宙，高山大海。寺庙园林的幽静与内敛，唤起观者内息与冥想，一垄葱兰，几株松柏，一块苔藓，一席白石，即可寓意人生百态世事苍凉，手法极简而极净。

古典寺庙中的"非典型性花境"艺术可以给现代花境设计很多有益启发。

4.4 花海——大尺度、品种纯粹的花境景观

4.4.1 花海的概念和历史渊源

花海顾名思义就是由开花植物形成的如海洋般大面积的园林景观，或是自然形成，或是人工种植，或是单一品种，或是百花齐放。

花海是当下最为流行的园林造景方式，在新型城镇化或者美丽乡村、集中住宅区等景观中尤其喜欢应用，以吸引游客，迅速制造亮点。

花海景观一次性投资不算太大，培育周期较短，观赏效果好。但是短期内大量主题花海的出现，其盲目性却也是很明显的。骨干花卉品种选择、生态环境保护，以及后期的养护成本、可持续性都存在巨大的问题。

追溯历史渊源，花海景观起源于农、林业的生产衍生品，尤其是鲜切花等花卉、种

球、种子生产基地——花卉生产园，甚至是农业生产地，如油菜花海、荞麦花海等有代表性的花海。世界上有名的荷兰郁金香花田、印度向日葵花田、保加利亚的玫瑰谷、法国普罗旺斯的薰衣草生产基地等。后来，复合型休闲观光农业模式的兴起，使得花海品种和形式蓬勃发展，不断涌现具有地域特色、品种特色的网红花海。

格桑花海

全球著名的花海景观无不让热爱旅游的人们津津乐道，无比向往。花海景观的形成，也有一个从起始逐步走向成熟和多样化的过程。

比如日本芝樱公园的芝樱花海闻名遐迩，实际上公园内花卉品种丰富，不光有如粉红地毯一般的丛生福禄考，其他花卉也是缤纷灿烂，能做到四季有花，此起彼伏。随着声名远播，游客越来越多，公园除了观赏花卉外，还开展参拜、摄影、卡丁车等一系列活动，可以说，芝樱花海只是公园的形象名片、文旅引流工具。

花海（日本）

美国的小花庄园（Floret flowers）虽是私家花园，以特色花海闻名，但是随着游人的增多、需求的演进，逐渐发展出了花卉工作室，让游人、花卉爱好者沉浸式地参与和体验花卉产业，种植大丽花、羽扇豆、飞燕草、蛇鞭菊等球根花卉以及野生花卉。后来还具有了园艺、花艺培训，婚礼、会展等诸多互动和科普功能。花海，只是这座多功能私家花园的景观特色而已。

法国著名的普罗旺斯薰衣草园实际就是一个精油用花生产基地，因为独具自然景观的宽广和柔美背景，使这里成为情人们表达浪漫爱情的圣地。

荷兰库肯霍夫公园的郁金香花海，每年3—5月郁金香花期的时间段内对游人开放，

其他时间则是闭园的——始终以生产郁金香种球、切花等生产功能为它的"本职"。

此外，全球有名的花海还有英国伍斯特郡贝德利镇花菱草花海等。

花海在国内的发展十分迅速。几年前，南京六合龙袍镇农民种出"龙袍"景观油菜花，采用大地景观的手法，用农作物"绘制"花海，这是美丽乡村文旅项目营销的有效引流手法，也是受到国外大地景观创意手法的启发。这也是一种特殊的花海景观——农业花海景观。

近些年，全国各地油菜花海如雨后春笋般涌现，有些是多年农业生产自然形成，有的则是近年发展农业旅游项目后人工种植、制造的景点。比较有名的油菜花海有云南的罗平、青海门源、江西婺源、陕西汉中、江苏兴化等地的油菜花海，这些地方不仅有着犹如海洋般的油菜花田，基底景色也各异，吸引着众多游客前去赏花。江西婺源的油菜花海在碧水青山、粉墙黛瓦间犹如一幅幅天然江南乡村水彩画让人陶醉，而江苏兴化的千垛景区的油菜花生长在四面环水的垛田上，被大家称之为"河有万湾多碧水，田无一垛不黄花"，从高处俯瞰，宛若一座座小岛，且数量众多，因此也被称为"千岛菜花"。

中国自然花海中也有诸多地方让人印象深刻，如贵州毕节的百里杜鹃花海，宽 1.5 千米、长 50 余千米，面积达 125.8 平方千米，是世界上最大的原始杜鹃林带，无论在杜鹃品种还是花色的齐全程度上都是世界罕见的，更有树龄千年的杜鹃花王，独树成林——花的丛林。

类似的还有四川西昌螺髻山千米杜鹃花海。

其实，花海景观自然形成和运用源远流长，据《清稗类钞·植物类》记载："康熙丁亥，圣祖南巡，驾幸松江，农民以菜花与紫荷花草相间种成'万寿无疆'四字，登高望之，灿然分明，上顾而大乐。"这菜花就是黄色的油菜花，而紫荷花草就是紫云英（*Astragalus sinicus* L. 豆科黄耆属二年生草本植物），是豆科的绿肥植物，很早就在江浙一带被农人用于冬春休耕田的绿肥植物，春季紫色花朵灿如地毯，非常壮观，与金黄色油菜花花期相逢，对比强烈，被聪明的农民用来做成绝佳的"花海"效果。当然，书中没有明说来龙去脉，想要形成这样的景观效果取悦皇帝，一定是早就知道了皇帝的行程，提前半年以上做了准备，设计了文字、位置和植物搭配，精心种植和养护，半年后才能呈现出想要的景观效果。

4.4.2 花海的发展

花海的形成，是人们追寻大自然花卉壮观美景的结果，成为"网红"，往往有些"无心插柳柳成荫"的意味。随着设计、建植和养护的推进，人们逐渐意识到纯粹的花海，其生态不稳定性非常明显，季节局限性也很大。后来，模拟自然草甸花海的花卉混播景观开始出现，这种花海具有建植成本低、生态效益好，适用范围广的优点。如伦敦奥林匹克公园，自然混杂花海，其出发点就是保护生物多样性，实现可持续观赏，同时兼具观赏性、经济性和休闲性。

笔者曾在新疆喀纳斯、阿勒泰山区见到大量自然生长的野生花海，整片花海五彩缤纷、连绵起伏，令人叹为观止。其实，内陆和北冰洋气候交汇造就的局部非常特别的高原草甸、山谷小气候类型，使我国新疆直至中亚的广大区域孕育了极其丰富的花卉植物天然种质资源，一直也是西方植物爱好者、植物学家野外考察、引种的热土。这里天然花海较为常见，其景观效果往往让人震惊。

另据资料记载，号称西方"植物猎人"、自小就热爱植物的欧内斯特·亨利·威尔逊，1900年受雇于私人园艺公司——英国维彻苗圃公司来到中国寻找珙桐并成功引种。1903年，得到巨大甜头的维彻公司再次派遣威尔逊来到中国，到达四川乐山，登上华西名山大瓦山，看到漫山杜鹃花的天然花海；来到打箭炉（康定），在雅家埂看到无数盛开的高原花朵：银莲花、报春花、飞燕草、鸢尾、龙胆等，更在3 500米高山发现了绿绒蒿——罂粟科绿绒蒿属植物，花大色艳的"华丽美人""高山牡丹"。这些天然花海景观，让植物学家们叹为观止、眼界大开，也在一定程度上启发了后来人工花境种植的形式。

威尔逊的引种只是西方植物学界从世界各地实施植物引种的一个缩影，从这一点就能了解当时植物学的发展、植物品种的发掘状态。这也给欧洲花境景观的诞生、丰富和发展奠定了植物基础。

笔者认为，这些在世界各地自然分布、生态稳定、品种丰富且多半人迹罕至的野生花海，才是人类真正的老师。模拟自然花卉品种配植的花海成为花海景观的未来发展方向。在这一点上，花海和花境一样，我们在建植和维护时必须尊重、学习和借鉴大自然的规律。

4.4.3 国内花海的现状和未来

目前，国内流行的花海景观已经不再是传统的以生产为基础的复合型花海，而是纯粹的人造花海风景区，为了吸引游客，实现文旅产业导流。

广义来说，花海景观也是一种花境方式，只是更大尺度，更纯粹，更加壮观而已。

笔者在长期的城市公园规划、建设和维护中，曾着手创建"四季花海"，做到公园景观步道沿线条带状花卉配置成景，四季有景，三季有花。后来，又新建南京滨江"左岸花海"，将带状花海拓展成了片状，结合传统花坛形式，使得花卉观赏和保护功能兼具。在此过程中，对花卉品种的选择、搭配，栽培方式的提升，以及养护管理的措施等进行了一系列的探索和研究。宿根花卉的选择使用是降低成本的关键，土壤质地是花海

景观持续性的隐性关键，极端气候的应对是养护管理的核心。

　　总体来说，花卉旅游网红效应带来了国内花海景观热潮。其以农林为本，以特色花卉为核心，带动了文旅产业发展，但这些景观在经营过程中均存在运营模式类同、地域特色模糊、经营形式单调，以及规划、设计和种植方式不科学，很少开发和使用地方品种，养护管理更是缺乏经验和技术支持，技术力量普遍薄弱等问题。这也从一个点上折射出目前国内园林行业发展的普遍问题，包括花境的发展。

中山植物园的郁金香花海

城市公园的花海

第二章 花境设计

① 环境要素

设计花境，首先要考虑环境要素。

1.1 背景环境

花境设计和建造需要所在区域的宏观气候类型、小气候环境、土壤性质、海拔、水文、物种等要素的资料作支撑，否则，凭空设计花境就如同盲人摸象。

花境设计尤其要关注一些关键数据，比如气候数据的种植地每年的无霜期、极高温和极低温状况、降水量以及降水时间分布等，还有纬度和海拔、地下水、土壤类型，甚至园林植物主要病虫害等情况，这些因素直接影响花境效果、存续时间和后期的维护管理难度。

花境，作为新兴的园林景观营造形式，其环境特点也是明显的。由于多处于林缘、路侧、建筑外围和视线焦点上，所以花境设计除了要有宏观环境要素支撑外，更要充分调研、收集小区域的各种环境数据，包括小气候特点，光照和湿度环境等，还有林带性状、建筑或道路状况等，在设计中要优先考虑花卉植物对这些因素的适应性。

例如，在高大建筑物周边布置花境，设计时不但要充分考虑植物生理适应性，还应适应楼巷风，光污染等环境问题。

在艺术设计上，需注意竖向设计上与建筑形象形成统一或呼应。高楼林立的城市中心区的花境，尽量选用竖向线条的花卉材料作主材料，常用自身高度能长到 1 米以上，形成花境背景的植物，如蓝冰柏、李叶绣线菊、金钟花、郁李、地中海荚蒾、糯米团、羽毛枫、榆叶梅、珍珠梅、圆锥八仙花、大花六道木等花灌木外，还有蜀葵、锦葵、百日草、硫华菊、美国薄荷、蕨叶蓍、大花葱、蒲棒菊、百子莲、火炬花、蛇鞭菊、大花美人蕉、黄花月见草、随意草、天蓝鼠尾草、林荫鼠尾草、大花飞燕草、毛地黄、吊钟柳、穗花婆婆纳、羽扇豆、假龙头、金鱼草等。还有姿态挺拔的观赏草，如意大利蒲苇、狼尾草、花叶芦竹、针叶芒草、班叶芒等。

街头花境

庭院花境

沿道路边缘布局的花境，设计时首先要充分考虑路面光和热反射、车辆通行导致空气高速流动形成的高温干燥和有害尾气，花卉植物材料生理适应性要求更高，需具有泼辣的抗尾气、粉尘能力和耐修剪的特点。同时，尽量采用流线型团块布局，选择横向生长的植物品种，如石蚕花、花叶胡颓子、笑靥花、大花栀子、红花檵木等花灌木和细叶针茅、小盼草等观赏草，花卉类则可选美丽月见草、火星花、宿根天人菊、荷兰菊、堆心菊、紫松果菊、鸢尾、蓝雪花、丰花月季、藿香蓟、香雪球、五色菊、大花矮牵牛等。

在水体周边建造花境，在充分考虑湿度较大、地下水位较高等环境特点的前提下，尽量选用湿生、水生植物，如曲柳、芦苇、花叶杞柳等花灌木外，还有千屈菜、再力花、美人蕉、菖蒲、鸢尾、旱伞草、红蓼、蕺草、苔草、梭鱼草、观赏慈姑、水鳖草等。

布置在林缘、草坪一侧的花境，既要考虑其与林带内乔灌木的互利与竞争，包括阳光、雨水、地下水以及土壤肥力的竞争，又要注重和背景林带色彩的对比，选择花色鲜艳、适应性较强、竞争力较强甚至有自播繁衍能力的花卉植物，如桂圆木、郁香忍冬、浓香茉莉、蜀葵、硫华菊、金鸡菊、波斯菊、花毛茛、郁金香、牡丹、芍药、大花飞燕草、美女樱、黄菖蒲、日本鸢尾、波斯菊、喜林草、兰花鼠尾草等。

| 路缘花径 | 花坛花境 | 林缘花径 |

1.2 土壤环境

从花境设计、建造和后期管理的角度分析，我们需要关注的土壤要素就是土壤质地和酸碱度对花境的影响。

1.2.1 土壤质地

因为原生化学成分以及发育进程和演替阶段的不同，各地的土壤类型复杂多样，物理和化学属性区别很大，分类繁多，如果从园林栽培、花境所用的栽植土壤质地角度进行简单分类，可以分为沙质土、黏质土、壤土三类。

一般而言，沙质土壤颗粒粗糙，团粒性最高，透气透水性好，但是保水保肥性能差；黏质土壤颗粒细腻致密，保水保肥性能好，但通气透水性能较差；壤土团粒结构适中，保水保肥性能中等，也具有一定的透气力，适合大多数花卉植物生长，也较适合用于花境的栽培客土或原生土。

1.2.2 土壤的酸碱度

土壤中包含各种有机质、无机质、水分和生物等组成成分，经过极其复杂的综合理化作用，表达出土壤不同的理化性质，其中，土壤酸碱度（pH 值）是最重要的一项指标，也决定园林花境花卉植物的生长状况。

土壤的酸碱性与土壤质地有密切的关系，除了无机物含量外，还与土壤相对含水量、有机质含量、生物活动量等因素有密切关系。

土壤酸碱度超出一定的范围（一般适宜的土壤 pH 值为 6.0~8.0），会直接影响花卉植物的生长。在花境设计建造之前踏勘现场，判断或测定土壤酸碱度是其中重要的工作内容。

花境的设计建造，如要想取得较好的景观效果，且持续足够长的时间，对土壤酸碱度要高度关注。适合花卉植物生长的土壤，多为中性、微酸性或微碱性。

1.2.2.1 土壤酸碱度影响植物生态

相对而言，酸性土壤中活性铝（土壤溶胶中交换性铝和土壤溶液中的铝离子）含量一般高于碱性土壤，除了有些耐铝甚至喜铝的植物，如帚石南（杜鹃花科帚石南属下的唯一物种。常绿小灌木，喜水喜光喜酸性土壤，极耐寒不耐高温高湿，欧洲广泛分布，挪威国花之一，成株可作扫帚故而得名）、栀子、茶树等生长良好外，三叶草、紫花苜蓿、马蹄金草等很多园林植物生长不良。

有进一步研究表明铝含量过高是导致园林景观衰退的一个重要原因。土壤中活性铝含量对自然植被的分布、生长和演替有着重大影响。

对于精细化建造和管护的花境，有必要精确了解土壤活性铝等重要微量元素、重金属元素含量。而一般花境，只要酸碱度适中即可，不必专门关注重金属元素等无机盐的含量。

花境常用植物中栀子花、杜鹃花、茶花等在酸性土壤中生长良好，花开艳丽，而泡桐、柽柳、海滨木槿、多花筋骨草、金叶过路黄、地肤草等花境花卉植物较喜碱性土壤。

1.2.2.2 土壤酸碱度直接影响花境病虫害的发生程度

很多病害和虫害的越冬场所都是在病残体、枯枝落叶上，而这些有机物又与土壤紧密相邻，所以，土壤性质不可避免地影响植物病虫害的发生状况。而越冬、繁殖和避光等生活时段均在土壤中的地下害虫受土壤酸碱度影响更大，土壤 pH 值直接影响越冬虫体和虫卵生存，同时土壤 pH 值直接导致土壤的坚硬程度、透水透气性不同，间接影响害虫生存。

有观察结果显示，常见害虫如竹蝗、犀甲、尺蠖等喜酸性土壤，而蝼蛄、金龟子等地下害虫较喜碱性土壤。

另外，因为土壤酸碱性直接影响土壤相对含水量、透气性、微量元素含量，这些要素也是病害流行的基本要素，所以土壤酸碱性也间接地影响植物病虫害的爆发程度。

1.2.2.3 土壤酸碱度对土壤养分、肥力的影响

在碱性（石灰性）土壤中，许多微量元素如硼、锰、钼、锌、铁的有效性会大大降低，导致花卉植物营养元素不足，并发生各种生理性病害。在改良花境种植地土壤环境的措施中，调节土壤酸碱度也是重要措施。

具体措施如在酸性土壤中增施石灰，以中和土壤酸度，消除铝的毒害，提高养分的有效性。

在偏碱性土壤中施用过磷酸钙、硫酸铵、氯化铵等酸性和生理酸性肥料，可降低和减轻土壤碱性的危害。

同时注意增施有机肥料，通过有机肥料的缓冲、吸附和缓释作用，减轻酸碱性对土壤和花境植物的影响。

1.3 群落环境

花境设计建造，要深刻理解和面对群落生态的问题。

花境植物形成的群落，属于人工植物群落类型，与自然植物群落不同，存在着人为设定植物种类和混配比例等问题，且各类植物对于生存环境的适应能力也存在着不确定性。如果没有足够的生态学调查基础和植物生理学依据，并辅以科学合理的后期养护管理——人工干预措施，则很难建造出持续稳定、景观效果很好的花境（群落），只能是一种人为促成的"偶然性植物群落"，经过一定时间（半年到两三年）的自然选择和淘汰，最终结果要么在自然品种演替、变化后变成自然植物群落，趋于动态稳定，其外观效果与设计预期很难一致。要么经过一定时间的淘汰、衰退，最终整个花境走向灭失。

花境植物群落内部所存在的花卉植物个体间的竞争、拮抗和互利共生关系，是一个高度复杂的问题，与品种、环境、生长周期等因素都有关系。

花境与外部环境之间的能量和信息交流，也是非常系统和复杂的。在难以准确把握的前提下，我们只能师法自然，多调查研究、实践、积累，从本地自然野生花境的组成和稳定态中汲取经验或进行模仿，再结合必要的人工干预，巧妙地运用艺术设计手法，最大化地实现花境的最佳设计效果。

各种花境中的具体花卉植物品种选择，将在后续章节中详述。

② 植物要素

花境设计，需要掌握植物本身的营养和生殖生长对于内部和外部环境的要求，植物与外部环境中光照、温度、水分、空气、土壤和肥力等要素的互动关系。

适地适树原则，在花境规划设计中同样适用——适地适花。一般来说，原生分布植物都经历了漫长的自然选择和演化，逐渐选择形成了适应地域自然环境的遗传因子，在驯化、变异和杂交过程中或多或少地保存这些适应自然环境的生理特性，最终成为园林花境花卉植物种类选择的基础。

根据生理、生态习性的不同，花境设计中植物分类主要有气候类型、干湿类型、光照类型、土壤类型等几个类型。

2.1 植物气候类型

2.1.1 中国气候型植物

传统、常见而且有代表性的中国气候类型植物有石蒜、杜鹃、山茶、牡丹、中国水仙等。再根据植物性状特色进行分类，中国气候类型又可分为南方、北方和江淮过渡带等几个气候型。

2.1.1.1 中国南方气候型

在我国长江以南低纬度地区，气候特点是冬天寒，夏天热，年温差较大，夏季降水较多。花卉植物种类丰富，一两年生花卉代表有中国石竹、凤仙花、福禄考、天人菊、堆芯菊、细叶美女樱、碧冬茄（别名矮牵牛或撞羽招颜）、半支莲等；宿根花卉代表有报春等；球根花卉代表有石蒜类、中国水仙、百合类、唐菖蒲、马蹄莲等。

2.1.1.2 中国北方气候型

我国的东北高纬度地区气候特点是冬季寒冷干燥、夏季温暖、秋季凉爽、春短风大，降雨多集中在夏季，分布的多为冷凉型花卉。

代表性花卉有翠菊、矢车菊、向日葵、荷包牡丹、芍药、菊花、大瓣铁线菊、荷兰菊、随意草、红花钓钟柳、金光菊、燕子花、花菖蒲等。

2.1.1.3 中国江淮过渡带气候型

江淮过渡带气候型，植物品种也较丰富和具有分布波动性。长三角地区处于此地带，本书所列诸多推荐花境花卉植物均属于此类型。

2.1.2 跨区域分布的中国气候型植物

中国气候型又称大陆东岸气候型，宏观特点是冬寒夏热，夏季为降水集中时段。一般根据冬季气温的高低可再细分为温暖型与冷凉型。两个类型植物分布往往是跨区域的。

2.1.2.1 温暖型气候

温暖型气候又称冬暖亚型气候。处于低纬度地区，包括中国江南华南、北美洲东南部、巴西南部、大洋洲东部及非洲东南角附近等地区的气候属于此类型。此区域植物品种丰富，一年生到多年生均繁多，而且种类、性状复杂，可用于园林景观的品种众多，是园林景观中年宵花卉、温室花卉、节日花卉的主要来源区域。如石竹、山茶、杜鹃、凤仙、矮牵牛、一串红等。

2.1.2.2 冷凉型气候

冷凉型气候又称冬凉亚型气候，处于高纬度地区，包括中国华北及东北南部、日本东北部、北美洲东北部等地区。此区域生长着众多较耐寒宿根、木本花卉，且以落叶花卉为主，很多香花类、繁花型花卉品种分布于此，如各种野生菊花、野生芍药、牡丹、随意草、鸢尾、海棠、丁香属植物、蜡梅等。

2.1.3 欧洲气候型植物

欧洲气候型又称大陆西岸气候型，气候最大的特点是冬暖夏凉——很少出现极端高温和低温，降水全年分布较为均匀，尤其很少有极端干旱的季节。这样的气候类型很适合大多数植物生存，所以也是上佳的引种驯化目的地。

全球属于此气候型的地区有欧洲大部、北美洲西海岸中部、南美洲西南角及新西兰南部。这个区域原生植物多耐寒和宿根，代表种类有三色堇、雏菊、矢车菊、羽衣甘蓝，还有宿根亚麻、铃兰、毛地黄、耧斗菜、喇叭水仙等。

2.1.4 地中海气候型植物

地中海气候型的特点是冬天不冷、夏天不热——冬季最低气温5~7℃，夏季气温20~25℃。夏季为干燥期，干燥少雨，为球根的形成和保存提供了良好的条件，故此气候型球根花卉品种较多，且多为夏季休眠，秋季发芽繁殖。

全球属于这一气候型的地区有地中海沿岸、南非好望角附近，大洋洲东南和西南部、南美洲智利中部、北美洲加利福尼亚等地。

地中海气候型花卉代表种类有水仙、郁金香、风信子、花毛茛、番红花、小苍兰、唐菖蒲、网球花、葡萄风信子、球根鸢尾、雪滴花、地中海蓝钟花、银莲花、仙客来、石竹、蒲包花、君子兰、鹤望兰等。

笔者所在的江淮区域，如上海、南京、合肥、郑州、武汉等大多数城市气候特点可以总结为冬天寒冷少雨、夏季高温高湿，与地中海气候型差异较大，所以，很多地中海气候型的花卉在此地难以适应，驯化难度很大。要想在花境中使用并达到很好的效果，须尽力创造"冬不冷、夏不热，少暴雨"的小气候环境，而且，花境栽植土壤须透水保肥，尤其不可积水。

2.1.5 墨西哥气候型植物

墨西哥气候型又称热带高原气候型，分布于热带和亚热带高山地区，包括墨西哥高原、南美洲的安第斯山脉、非洲中部高山地区及中国云南省等地区。全年温度都在14~17℃之间，温度变化幅度很小，降水分布则各地不同，有些地区雨量充沛均匀，也有些地区降雨集中在夏季，其他季节干旱。

原产于该气候型的花卉都是既不太耐寒，同时又喜夏季冷凉，较为娇气。而且多是一年生花卉、春植球根花卉及温室花木类花卉。代表性的花卉有：百日草、万寿菊、旱

金莲、大丽花、球根秋海棠、一品红、云南山茶、月季等。

墨西哥气候型花卉在其他地区栽植和驯化时，多表现为不耐冻，喜凉爽，且休夏现象较为明显。

2.1.6 热带气候型植物

该气候型特征明显，分布地区有亚洲、非洲、大洋洲、中美洲及南美洲的热带地区。全年几乎都处于高温状态，温差较小，雨量丰富，雨季和旱季降雨量差距很大。

该气候类型的花卉多为一年生花卉、温室宿根、春植球根及温室木本花卉，如鸡冠花、彩叶草、常春花、大花牵牛、虎尾兰、蟆叶秋海棠、鹿角厥、猪笼草、三色万代兰、非洲紫罗兰、美人蕉、朱顶红、大岩桐等。

世界各地引种和驯化热带花卉时多半采取温室设施、保护地栽培，其中一些一年生草花可以在露地无霜期时栽培，用于花境时可以迅速达到繁花效果。

随着全球经济、技术的发展，生物和生态研究的进步，植物引种和杂交工作的全球化逐渐普及，"地球村"现象一个最显著的表现就是植物品种的全球驯化、试验和推广。全球各地的很多植物园、花园、公园，甚至平常景观绿地，花境花带，都有来自世界各地的花卉植物，极大地丰富了观赏花卉植物品种的同时，如何选择适应当地气候的品种成为设计、建造者的难题。

识别引种植物的原生地气候类型是解决引种、驯化适应性这一难题的钥匙之一。

在大量引进、驯化外来花卉品种的同时，更需要因地制宜，适地适树地选择品种，尤其是本土花卉植物品种的使用始终是园林人的基本功之一。

温室花境（新西兰）

热带植物园花岛花境

2.2 植物干湿类型

根据花卉植物生长习性中对水的需求和耐受程度，可将其简单地分为水生、旱生和湿生三大类型。

2.2.1 水生植物

指在水中生长的植物，根据在水体中的生长状态，又可分为挺水植物、浮水植物、漂浮植物和沉水植物几类。

水生植物只能种植于含水体的花境，总体来说在花境中使用量并不大。

2.2.2 旱生植物

指适合在旱地生长，除生长所需必要的土壤水分含量和空气湿度要求外，不喜过多水分在水体中难以生存的植物。根据对干旱的耐受程度也可以分为适旱植物和耐旱植物。

花境所用花卉植物中旱生植物占绝大多数。所以，掌握花境所选植物材料的耐水性和耐旱性，往往决定我们所设计、建造花境的逆境适应范围，偶遇洪水或偶然旱灾，花境植物能否保存就是检验。比如滨水河道边，十年一遇的洪水线和百年一遇的洪水线内花境植物选择范围不同；干旱区域，年降雨量在 50 毫米和 500 毫米区域的花境植物选择范围也应当不同。

2.2.3 湿生植物

指既可以在旱地又可以在浅水或湿润土壤环境生长的植物。比如曲柳、黄馨、美人蕉、梭鱼草、千屈菜、再力花、水生鸢尾、红蓼、狼尾草、蒲草等适于水边生长，同时在旱地也能生存的植物。根据植物对水的适应和喜好程度，又可分为水缘植物和喜湿植物。

2.2.3.1 水缘植物

一般指较喜生长在水边，水位在 0~30 厘米间波动对其生长影响不大的植物类型。在自然和人工湿地中，此类植物极为丰富，品种繁多，很多种类具有很高的观赏性。而且，湿地水缘植物，不光保护堤岸，净化水质，涵养水源功能显著，他们还可以为水鸟和其他水生生物提供藏身的地方和丰富的食物。如常见景观植物雨久花、湿地鸢尾、美人蕉等。还有一些时尚的喜水花卉，如石菖蒲、马蔺、溪荪、黄菖蒲、芦苇、香蒲、荷花、睡莲、千屈菜、铜钱草（陆生又叫香菇草）、凤眼莲、水鳖草、萍蓬草、莼菜、黄花水龙、天胡荽、水竹、纸莎草等，常应用于园林景观中。

从生态角度看，湿地环境下生长的水缘植物，分生蔓延和适应能力都较强，如果运用到具有雨水花园、浅水水系的花境中，可能需要注意防范其过强的繁衍性，需要施加必要的人工控制，以免造成对其他花卉植物的恶性竞争。

2.2.3.2 喜湿植物

喜欢生长在湿润的土壤环境里，根部能耐一定的浸泡，遇到干旱季节虽然出现生长

不良，但仍可存活的植物类型。严格来说喜湿性植物不算是真正的水生植物，只是它们喜欢生长在有水的地方，实际情况是无论干旱还是长期水浸泡的环境都对其生长不利。如绶草、石菖蒲、金线蒲（及其变种银叶金线蒲）、**蓼子草**（蓼科蓼属多年生草本，耐水，适应性强）、**水鬼蕉**（多年生鳞茎草本植物，较耐湿生）、**井栏草**、**金毛蕨**等常能湿地生存的植物品种。

喜湿植物往往生长在低洼地、雨水较为丰沛或小气候阴暗湿润的地区，能营造一种幽静、温润的独特湿地景观环境，所以在花境营造中，适合用于雨水花园等特殊形式。

2.3　植物光照类型

花境植物选择和配植时还要充分考虑其光照类型。根据对光线的需求程度，简单实用的分类方式可将花卉植物分为喜光、喜阴和一般光照植物三大类。

2.3.1　喜光植物

一般又称为喜阳植物、阳生植物。喜光植物要求光照充足，最好是全日照，没有遮蔽的情况下能生长良好。因其光合作用、呼吸作用和光补偿点均偏高，其光照下限的界定众说纷纭，一般定义喜光植物所需要光的最下限量是全光照的五分之一到十分之一。实际上，对于光照的需求，除了光照度，还与时长比例密切相关。在水分、土壤、温度等条件满足要求的前提下光照越满越好，植株抗高温、干旱能力较强。

相对的另一面就是喜光植物的耐阴能力较弱，当遮阴比例达到一半以上时便会出现徒长、叶片变大，叶色变淡，叶肉变薄等生长不佳情况，且随着遮阴时间的延长，症状越发严重。

实践中发现很多喜光植物叶色会随着遮阴比例出现变化，尤其是在园林景观、花境花带中用于调色的浅色叶植物，如**花叶杞柳**、**南天竹**、**红花檵木**、**红叶石楠**、**血草**、**变叶木**等，一旦环境导致其全光照得不到满足，就会逐渐丧失或局部丧失其色叶特性。

喜光植物多生长在开阔的原野、路边和草坪等地方，常见种类有各种观赏竹、菊科植物、景天科植物、蒲公英、蓟、刺苋、杨、松、杉、柳、槐等，以及大量的常见草原植物、荒漠耐旱植物和一般的农作物。

2.3.2　喜阴植物

喜阴植物也称"阴生植物""阴性植物"，这是一个相对概念，与喜阳植物相对，最直接的表现是不能忍耐强烈的直射光线，在适度荫蔽条件下方能生长良好。同时，在生长季节要求的生境较湿润，一般要求生长期间有 50% ~ 80% 荫蔽度的环境条件下生存良好。此类植物多生长于林下及阴坡，常见的大部分为蕨类、兰科、苦苣苔科、凤梨科、天南星科、竹芋科以及秋海棠科等室内观叶植物。

常见园林喜阴植物还有八角金盘、桃叶珊瑚、红枫、一叶兰、各种蕨类、溪荪、鱼腥草、吴风草、常春藤、花叶蔓长春花、吉祥草、沿阶草等。

喜阴植物中有一些能耐 90% 的荫蔽度，是难得的林下、室内栽植品种，如某些耐阴蕨类、阴生兰花、大吴风草、常春藤等，还有一些广义植物，如苔藓、地衣、真菌类等。但是，所谓喜阴和耐阴植物，也是在其他生理环境，如温度、湿度、土壤等能够适合其很好生存的前提下才表现出来的，否则，任何一个环境要素发生改变都有可能导致其死亡。这一点在园林应用、花境建造中尤其值得注意。

喜阴植物逆境表现就是一旦长时间暴露在全光照条件下，就会出现一定程度的叶片灼伤、茎秆表皮爆裂、叶色变暗绿或彩叶失色等，尤其在空气湿度较低的情况下症状表现更迅速、更严重。

所以，花境中选择耐阴植物，需要考虑小气候环境中遮阴率、空气流通状况以及直射光、温度、湿度等条件。

2.3.3 （光照）中性植物

除了喜阳和喜阴植物外，其他大部分常见花卉植物都有一定的光照耐受范围，直射光多一点也好，遮阴多一点也行，生长状态均表现正常。

对于常规花境设计，尤其是使用新引进的花卉品种时，应尽量选择一些光照中性植物品种，避免因光照带来生长不良等问题。

在园林花境植物选择中，光照类型与气温、纬度等条件也是相互关联的，需要综合考虑各种因素才能选择出适合的花卉植物材料。

3 其他要素

花境设计和建造，除了考虑背景环境要素、植物本身特点外，还需要考虑人文、文化和其他一些因素。

3.1 影响花境的人文因素

近些年，大量花境建设实践，有成功也有失败的。其中，因设计、建造、管理的技

术和艺术方面的欠缺，失败的案例比比皆是，浪费了大量的投资，也带来了一定的生态负面效应，至少给后期的养护管理带来了较重的负担。

人们逐渐意识到花境的设计、建造和管理还是需要很高的园林专业基础和文化、艺术基本功，并不是随随便便种几株新奇的花卉植物就能称为优秀花境的。

花境设计和建造，需要敬畏自然，保护生态，遵循科学，还要考虑人文因素。

借用园林通用要素分类，花境建设在注重景观之山（土方、土质）、水（水系和湿度）、建筑（城市建筑和景观小品等）、植物（乔、灌、草、藤本、地被和水生植物等）四大要素之外还必须考虑到综合人文要素，在符合、满足环境人文需求的基础上，用景观艺术手法表达地域文化，传达人文气息，讲述设计理念等，才有可能完成优秀的花境设计。

另外，还有不可回避的就是施工和管理水平。

园林花境施工方负责人的责任心，施工组织能力和施工队伍的技术水平等，都直接制约施工水平高低，尤其是对于花境这种小尺度、精细化表达园林花卉艺术效果的景观方式更需要精雕细琢、一丝不苟。

最完美的盛会应该是"四美聚，二难并"——所谓四美聚就是良辰、美景、赏心、乐事俱齐，二难并就是贤主人、佳宾客集聚。关于花境设计建造和维护的人文要素，园林花境艺术效果追求的就是新的"四美聚，二难并"——相美、色美、品美、生态美，还要时时有花，且四季如画，难度还是非常大的。

说到花境与生活，让人不由得想起曾号称"十全老人"的乾隆皇帝，据说大臣刘墉送给他一副对联"花鸟虫鱼天然趣，儿女英雄别样情"，用以称颂他的天下江山胸怀和人间风流倜傥。乾隆要是能活在当代，一定也会被大江南北美轮美奂的花境景观迷倒的。

人们将花鸟虫鱼归为"天然之趣"，也算是从根本上对园林景观艺术的定位和认知。园林中的花境艺术，我认为最终就是要达到"虽由人作，宛自天成"的天然趣味以及自我良性发展的效果。

现代园林景观中的花境植物配植方式，在品种多样性和配植科学性、艺术性上都有巨大的进步，丰富、复杂、量大、精细。然而，从经济集约和生态群落稳定角度来看，现代花境最终是要"回归自然"的，即"天然之趣"。

花境景观的建植和维护是个内涵丰富的课题，园林行业从业者习惯套用园林植物传统的建植、管理技术，虽然基本能够满足花卉植物的需求，但是，花境的自身特点以及更高的低碳环保标准决定，我们必须要有更高的生态环境理论、技术和艺术水平作支撑，才能使花境景观达到预期的效果。

3.2 其他影响因素

人的行为特点，动物的互动性等也是花境设计需要考虑的因素。

比如说郁金香、洋水仙、花菱草、桔梗、毛地黄、百合、天人菊、耧斗菜、观赏向日葵、月季、牡丹等，开花时节很容易被观赏者采摘。在蓝花鼠尾草、粉黛乱子草的花海景观中，各种婚纱照、艺术照拍摄者的踩踏非常严重，茑萝、蔷薇、铁线莲等垂直绿化，被采摘和其他破坏也是在所难免。花境种植，就是要创造一种赏心悦目、流连忘返的景观美好，但是，吸引来的观赏者同时也可能是破坏者，尤其是少年儿童容易靠近、摄影者需要进入的地方，往往破坏极其严重。

在花卉品种的选择、观赏路径的设计、摄影点的巧妙设置等方面，就需要考虑这些"人为要素"，这是花境设计者本不必考虑现实中却又不得不考虑的一大因素。

在笔者建设和维护的一个公园中，景观水体中饲养的观赏水禽——黑水鸡、天鹅等，有时就会取食一些宿根地被花卉的叶片，如郁金香的叶片甚至是花朵，于是我们不得不在花境设计中增加了护栏，防止禽类进入。为了给游人足够的体验感，又增加了拍摄点。花期前后，还增加了电子监控、宣传标识、语言提醒和人工看护等设施、措施。

花境，从植物的角度思考，是自然界的产物，要"以植物为本"。但是，从人文的角度思考，却也是以人为本的典范——与人相伴，呈现美好。

《中庸》第二十章：哀公问政。子曰："文武之政，布在方策。其人存，则其政举；其人亡，则其政息。人道敏政，地道敏树。夫政也者，蒲卢也……"孔子已经将栽种植物和教化子民等同起来思考，上升到了哲学的层面。我们要从植物的角度去理解、认识植物，然后按照植物的需要去种植和养护植物，植物就会生长得如你所愿。

展览花境

花境的设计和建造，也应该如此——必须认识植物，理解植物，按照植物的生理、生态需求去建植、照护植物，植物才能发挥最佳效果，形成最美好的花境景观。

4 艺术设计原则

花境景观，是园林技术，更是景观艺术和生活艺术，也应该属于文化艺术范畴。

花境，顾名思义，感官上要花团锦簇——形象美丽。其次是内涵要具有艺术魅力，体现内在的美丽，形成一定的意境。所以如何选择使用恰当而美丽的花卉植物，是花境设计的首要任务，而如何设计出富含艺术内涵的作品，则体现的是设计师的艺术功力。

花境，简单而言就是用花卉植物创造美丽、演绎艺术。所以花境的艺术设计工作需要从以下几个维度着手：

第一，宏观视觉美——背景环境、花境的布局在平面和竖向形态上所展现的美丽、和谐的整体之美。

第二，微观视觉美——花卉植物本身美的展示，尤其是花朵形状、色彩、枝叶形态等细节方面。

第三，动态美——花卉植物的花色和枝叶色彩的季相、光影和组团韵律等所表达的动态美感。

第四，人文之美——花境中蕴含、折射出的文化、历史和地理、风俗甚至情感等内涵之美。

在诸多审美之中，如何抓住重点，突出主题，是花境设计建造成功的关键之关键。一般设计者多关注微观视觉美——花卉植物本身之美，而容易忽略其他方面的美，使得花境设计在环境、尺度、人文等方面深度不够，内涵不足。

4.1 宏观视觉美

4.1.1 环境美

花境的第一要务是美化环境而不只是凸显自身。

花境艺术设计，首先是要通过花卉植物呈现恰当的景观美，以美化环境——如果对原环境起不到美化的效果，就失去了建造花境的意义。初步设计阶段就应该从宏观上考虑好，根据环境和背景条件，选择相应的花卉植物，并将其种植成一定的平面形状和纵向搭配，形成独具风格的花境，配置不同的景观小品或装置，最终实现整体的艺术效果。

假如原环境景观效果已经足够精彩，包含了足够多的花卉植物，色彩也很丰富，比如主景为牡丹园、杜鹃花坛、月季花圃等，此时对其进行景观提升，增加景观花境，设计中就要用"减法"，适当减少花境中花卉植物的使用量，采取纯色花、纯色草坪等方法烘托、凸显原主景的主题或弥补原景观的不足。甚至，如果原景观主景已经足够丰富和精彩，花境增设计划可以弱化成仅仅增设草坪、白石子、园路等，不再添加其他元素，服从、服务于原景观环境、景观主题。

花境与环境

对于新增花境，比如以"春风花草香"为设计理念，在街角或景观墙前新设计建造一处小型花境，可以以简洁平缓的种植地地形以及空白处冬绿的草坪为背景衬托，前景选择欧报春、三色堇、雏菊、阿拉伯婆婆纳作为凌冬地被草花，迎春花和盆景造型梅花为中景花卉，紫玉兰、紫荆为背景乔灌木，间以榆叶梅、郁香忍冬、海桐球作林下补充，团组间适当间隔，有密有疏。背景间隙设置"高山积雪"泰山石组合，石缝点以老鸦瓣、紫背金盘和麦冬草、鸢尾、大吴风草、石蒜等，就形成了一处花型花色较为丰富、多景结合的花境，花期从2月直至4月末，间以花香，让观者赏心悦目。

不同环境，花境设计必然不同。街头绿地中设计建造的花境和广场中央设计建造的花境在平面布局上大不一样，前者偏于实用和小巧，或可以一株加拿大红枫配两丛针茅、三五株毛地黄或大花飞燕草、一簇金鱼草，一片粉石竹、佛甲草，围以草坪即可。而后者则需要更规整和仪式感，面积也要更大，例如中央数丛紫玉兰或紫荆或一组绿雕，外围成丛的红花檵木、红叶石楠、郁香忍冬、石蚕花花球，错落布置，夹杂一些矢羽芒、意大利芦苇、大狼尾草等观赏草，再成组团地围以月季、朱顶红、百子莲、常绿鸢尾、美丽月见草、美女樱、大花矮牵牛、粉花非洲凤仙等宿根和草本地被，最外围进退曲折地布置分割槽或碎石子、步行道，方便游人近距离欣赏以及工人的维护管理。

尺度上，前者较小，较随意，且竖向高差不用太大。而后者的尺度，则需要和广场比例相协调，一个大的近圆形或椭圆形花境组团，或者数个大小穿插呼应的近圆形组团错落布局于广场中，占据广场总比例不超过40%。竖向上，根据广场的大小和周边建筑的高度，需要形成必要的高差，一般栽植地的坡度在30%~50%之间，加上配植花卉植物

的高差，因高栽高，就低栽低，使整个花境高差坡度能达到50%~65%，形成层次丰富的观赏面。（坡度计算方式为高度除以进深的值。具体高差，还需要结合周边建筑物高度、观者行进速度、道路宽度和光照度等要素综合确定。）

小尺度花境，比如一些边角、拐角区域，则以抱角形式设置独立花坛花境，效果很好。一些大的疏林草地，在边缘设置带状花境效果最佳。笔者在法国巴黎凯旋门周边看到，在大草坪中配合喷泉景观，以严谨的几何对称图形设置了许多花境，为了照顾十字路口多个角度的观赏，在做成多面观花境的同时还做了向广场外放坡的地形设计，效果很好。

4.1.2 自然和艺术美

花境设计，首先要"好看"——有美感。

如果没有丰富多彩、美丽缤纷的花卉，再高深的设计理念也难以带给人们美的体验。

从设计理念的角度看，花境模仿的是自然美，但是为了使花境更有艺术美感，更利于观赏和存续，就需要在设计和取材上源于自然而高于自然，于设计配植中体现艺术性。设计内容包括周边环境、花境植物品种的搭配、植株密度、景观小品等的配景。

如果没有自然界野花野草的生长样式做模板或参考，设计师们是很难设计出美丽而合理的花境的。但如果完全按照自然花草生境生搬硬套，又必然会使花境流于粗野，走向杂乱或者平淡。所以，在模仿

法国街角小花境

埃菲尔铁塔俯瞰法国规则式园林

凡尔赛花园规则与自然兼顾

自然的基础上，花境设计须蕴含匠心，比如使用色彩的和谐搭配和巧妙对比，竖向高度的恰当错落，前景、中景、背景互相呼应，主视角、副视角的映照等，欣赏者观赏路径的穿插有序，还有艺术设计中的统一、变化、韵律、对比等各种艺术手法的合理运用等。

总之，花境设计师法自然，更要高于自然，体现艺术美。

4.1.3 理性之美

花境是特殊的艺术作品，其主要载体是花卉植物，是有生命的，要达到一定的设计效果，保持较长时间的高质量观赏效果，且要有动态变化，也就是要求花境必须要有"科学性+艺术性"。

用有生命的植物作为主要素材，来实现艺术的美的设计效果，在不可控中实现艺术的可控表达，呈现让人惊叹的艺术美好，是花境艺术的独特之处。

花境不是不食人间烟火的行为艺术，在凸显艺术美好中更要体现植物的鲜活生动。

花境设计和建造，往往需要对所选择的花卉植物材料加以人工干预，比如修剪、盆景、花球、花篱或者编织园艺等，这样才能达到预想的景观效果。一些繁衍能力较强的植物还需要人工间苗、设置生长隔离带等。有些草花还要用矮壮素、乙烯利等进行矮化、催花，保持高度一致和整齐开花。后期还需配合以花境株丛花后修剪复壮、更换时令花卉等养护措施。

最终呈现的花境作品，是持续的、动态的，实际包含了设计的理性美。

花境归属于园林行业，就是一门兼具艺术性和技术性的（科学性的）行当。相对于机械、化工、电子、建筑、市政等行业来说，园林景观行业不可控的柔性因素过多，主观性、艺术性较大，不太好客观计量，不太好标准化，不太好规范化管理。这就需要设计师对花卉植物有一定的了解和足够的经验积累，纯粹理论设计真的很难达到预想的效果。

例如大自然中常见的芦苇丛，秋冬季会有"芦花似雪飞"的美好境界。但是，如果不能走到芦花似雪的大片芦花深处，就无法感受那种零距离亲近无尽芦花海洋的亲切感，感受不到芦花飞雪的旷达意境。另外，植物素材不同，效果完全不同，就以相近的几种秋花植物为例，芦竹（能高达5米以上，直狼尾状花序）、芦苇（茂密，散穗花序）、荻花（轻柔、绒毛状花序）和芒草（较矮，整齐的花序）的不同花序、不同高度及质感，景观运用中会有完全不同的效果。设计者在秋景花境使用中不能混为一谈想当然地设计应用。还有，没有足够大的水面，足够空阔的观赏区域，"芦花深处泊归舟"[1]的意境就无法通过种植芦苇、荻花来实现。

---

1 诗句引自五代李煜的《望江南·闲梦远》："闲梦远，南国正芳春。船上管弦江面渌，满城飞絮辊轻尘。忙杀看花人！闲梦远，南国正清秋。千里江山寒色远，芦花深处泊孤舟，笛在月明楼。"

4.2 微观视觉美

设计者要对植物有充分的认知，有足够的实践经验。可以通过参考相关花卉植物种植技术和实践资料，比如不同季节花卉分类、不同花型花色花卉植物分类、不同观赏特色花卉植物分类等，以辅助设计者选择恰当的植物，实现设计意图。

有关花境色彩的搭配，应注意以下几个方面。

4.2.1 花境色彩原理

色彩搭配的基本原理是以红黄蓝三原色为基础混合出间色：蓝配黄得到绿色，红配蓝得到紫色，红配黄得到橙色。红色和绿色、蓝色和橙色都是对比色。红、橙、粉、黄等为暖色，绿、蓝、紫、白等为冷色。

铁线莲的紫色花　　　　　　　　　　荷兰园友谊园（人文景观）

暖色热情、活跃，显得喜庆、热闹，冷色则沉静、凉爽，显得庄重、肃静。冷暖色合理搭配，衬托，会使花境（花带）显得明快、悦目。

在此基础上设计花境，选择花卉颜色，就能基本实现设计意图。节庆主题、欢乐主题的花境，应该以红色、黄色为主，可以少量搭配紫色或白色，如黄花月季、大红牡丹、紫色牵牛花，再配合一些万寿菊、一串红、飞燕草、毛地黄、花毛茛、欧洲凤仙花等，就能将春夏花花境烘托得热闹非凡、红红火火。

4.2.2 花境色彩搭配类型

和其他艺术设计原理一样，花境设计的色彩搭配有单色设计、类似色设计、补色设计和多色设计等设计类型。也有按照花朵颜色来命名的纯色花境、对比色花境、渐变色花境和混色花境等。

有时，各个色性设计除了反应设计者喜好，特色表达以外，也反映当地气候和物种特色，其至还能反应当地的文化特色、宗教特色等，作为专业景观设计师需要进行必要的气候和生态特色调查，以及文化背景调研。

对比色花境搭配案例如：

紫色＋浅黄色：紫花大花矮牵牛、蓝亚麻、喜林草＋亮黄色的孔雀草、万寿菊、金盏菊；浅紫红假龙头、美丽月见草＋黄色羽状鸡冠花、金鱼草。

绿色＋粉红色：草坪＋丛栽粉花大花矮牵牛、杜鹃；黄绿色彩叶草＋红色一串红、山桃草。

暖色调搭配案例如：

红＋黄或红＋白＋黄：红花大花矮牵牛、美丽月见草＋（白花大花矮牵牛、白花雏菊、滨菊等）＋亮黄色金盏菊、花毛莨。

4.2.3 花境色彩使用上要有主次，要繁而不乱

除非是较大尺度的复杂花境或者长达数百米以上的带状花境，一般规模的花境也就设置一两种主色，配一两种底色就行了。颜色太多，就显得花哨而杂乱。

即便范围大的花境或者距离长的花带，色彩变化也不宜太多，且要有一定的变化规律，适宜大色块，单色大面积设计，这样才不至于让观者感到杂乱。当然，品种展示和专门的混色花境设计有时会反其道而行之，故意设置眼花缭乱的花色和组型。

对于一些小范围的花境，为了让观赏者获得更加丰富的观感，反而可以配置多种不同色调、颜色（5种颜色以上）的花卉，让近观者、细观者觉得五彩缤纷，增加新奇感。

4.2.4 外观、色彩与环境兼顾

花境色彩设计是个实践性非常强的工作，除了要考虑色彩因素以外，还要涉及植物株高、花型、花期、叶型、叶色、背景等要素，即便同一种颜色，不同大小的花朵所呈现的效果往往也不一样，如花毛莨，色彩斑斓，适合作主景，而石竹，也是丰富颜色，却只适合作背景、作花毯。丛生福禄考的低矮植株和细密花朵就适合大面积种植作为花毯，如果配置一两株于花境中就无法体现其特色。迷迭香的针叶效果有利于丛栽，翠绿色更适合做背景，如果作为主景，其观赏效果并不好。匍匐美女樱、佛甲草、紫花地丁、半边莲等，植株匍匐、花朵细小，不能被高大植株遮蔽，适合做前景，否则既不利于采光，也不利于观赏。

所以，花境微观设计如果仅仅从色彩学角度考虑是远远不够的。需要在反复组合实

践中才能得出哪些花卉互相搭配更加好看，更加有艺术感，更稳定，而哪些花卉不适合一起用。

4.3 动态美

4.3.1 品种选择和配置方式

从季相的角度考虑，花境预设的主要观赏期，决定了花境花卉植物的品种选择和配置方式。

大部分花境是需要四季观赏的，所以必须配置足够的花卉品种，除了常绿与落叶植物的搭配外，还要包罗不同季节开花的植物，尤其是冬季开花植物。

有时为了冬季有花，适当地留出空间在入冬前栽植羽衣甘蓝、欧洲报春、角堇、金盏菊、欧洲水仙、雪滴花等冬季草花以丰富色彩，早春补充栽植一些香雪球、紫罗兰等两年生草花以丰富色彩。其他季节常规开花植物外，还可配以金枝槐、红花檵木、金叶风箱果、石蚕花、金叶胡颓子、火焰南天竹、金边瑞香、红瑞木等常色叶植物，以弥补颜色变化的不足。

对于难得的冬季开花的花灌木，如枇杷、蜡梅、春梅、迎春、茶梅、橘子等，要巧妙地搭配使用。

有时，夏季开花的水生植物如荷花、睡莲、荇菜、水鳖草、雨久花、芡实、再力花等，品种较多，在花境中设置一定水面，栽植水生植物，可以丰富夏季花卉色彩。

4.3.2 混合式花境

混合式花境是最容易达到预想效果的配置方式，即便是设计单色、单品种、主题或者观赏草花境（花带），也有必要在适当的位置（比如尽端、拐角）配置一定比例的混合花境，起到映衬和对比的作用，能起到意想不到的艺术效果。

4.3.3 花境的韵律美

花境动态美的内涵除了季相带来的动态变化美以外，还体现于花境空间布局上的艺术韵律、节奏之美。尤其是带状花境，更容易实现韵律美。

首先，从微观设计而言，一个花境范围内包含有几种花卉组团就要有一定的节奏变化，尤其是组团面积变化、高矮的空间节奏变化和花色的明暗、暖冷变化。

比如在绿地带状小花境中搭配使用最常见的大红牡丹、蓝花大花矮牵牛和亮黄色的孔雀草，采取 5：3：2 的尺度布置，就能给人一种韵律美和对比的明快感，同时也突出了春末夏初牡丹花的雍容绚烂主题。

再比如在街角近圆形小型花境中布置蓝冰柏、侧柏球、铺地柏三种柏树作花境中层背景，在竖向高度上就形成了错落的节奏感，丰富了视觉感受，在前景中穿插种植月季、山桃草、花菱草、美丽月见草、洋桔梗等，就形成了一个既安静、稳定、葱翠又富含新奇和活泼的小花境，可以吸引不同年龄段的人驻足观赏或者休闲品鉴。

其次，就宏观设计而言，一条数千米长的景观道路两旁断续的带状花境布局，其每个段落的长度就要有长有短，有节奏和韵律的考虑，不可整齐划一。另外，每个段落的花卉色彩主色调又要相对统一，否则过于繁杂，容易让车行的观者感觉疲劳和杂乱，失去美感，引起交通事故。

路缘花境设计时在花卉植物品种和主色调相对统一的基础上再作一些变化，会使得整条路富含跳跃的活力和生气，和段落距离的长短交错效果一样起到防止视觉上过于单调、机械、枯燥的作用。

花境的韵律和节奏设计还应体现在花境段落的曲线、段落的宽度、段落边沿与路牙的退让距离等方面，通过综合的美学设计，来实现优美的路缘带状花境景观效果。

宏观上看，应该在段落的长短、花色主色调统一的前提下，次色调变化的频率等需要综合交通、行为心理和道路宽度、建筑背景等城市综合背景环境因素来科学确定。

最后，从城市某一个片区甚至整个城市更加宏观的视角看设计，那就是从城市景观规划的视角考虑，临近的几条道路其景观特色也要统筹规划，主风格、主色调要有变化，不能重复、雷同。而其道路景观带中配套的花境的设计需在上级设计定位确定的基础上再行细化、深化。

道路景观花境设计如此，公园、街头绿地、居住区和校园等闭合环境中的花境设计也如此，连续几个花境组团，各个组团要有平面大小的变化、竖向高低的变化、品种的变化和色调的变化等，形成对比。同时，也要根据所处环境，有总体的统筹、统一，这样才能达到繁而不乱，协调而不僵化的艺术效果。

不同门类的艺术美原理是相通的，花境景观设计原理与其他艺术设计几无区别。而花境设计所涉及的空间美学、色彩美学、心理学、行为学、管理学、交通运输管理等原理，是需要融会贯通，互相配合，才能为我们美好生活添砖加瓦。

4.4 人文之美

4.4.1 花境，既要有艺术，更要有人文文化

往往需要一花境一设计，不可完全复制。

套用德国哲学家莱布尼茨的话："世上没有两片完全相同的树叶。"花境设计建造

更是如此。花境设计所表达的是艺术思想，体现的是人文精神，每一个花境都有自己独特的灵魂。

就拿同样的春季郁金香花境为例，江苏盐城大丰荷兰郁金香花海景区，其原野的自然田园禀赋，郁金香花色形成的大尺度平缓空间以及条带感，都具有非常强的空间感和视觉冲击力，让观众仿佛来到了荷兰郁金香生产花田，如置身花的海洋中，让人忍不住想奔跑想欢呼想跳跃，身心获得放飞。而南京中山植物园的郁金香园（欧洲花卉园）花境则是在山林坡地中建造出一片异域花圃，小地形丰富，品种和花色绚烂多彩，衬托出钟山如屏，绿树如荫，花开如梦的奇趣异彩，钟山风景区背景温柔静谧的环境让人忍不住沉思细赏，流连忘返。

而南京中国绿化博览园的荷兰园郁金香花境则以具有浓郁异域特色的农舍、风车、小桥、碧水等荷兰友谊园景观为背景，尺度小巧而自然，营造的就是荷兰的乡村风情，让人不禁想起画家凡·高的画作《荷兰花田》，其间配置的郁金香花境，包括一些欧洲花卉，是唤起观众对世界经典绘画作品美好印象的媒介。绿博园荷兰园花境景观让游客体验的是一种环境氛围，一种别样的风情和艺术熏陶。设计者通过具有荷兰原汁原味风格的建筑、水系、景观小品，再辅以郁金香主题花境，几近乱真的异域特色花境使观众获得身心的陶醉和无限的联想、深思、感悟。

荷兰园

另外，南京中国绿化博览园还挖掘了荷兰园原有地貌的山水人文历史，从螺丝桥、上新河历史遗迹中寻觅与现在的荷兰园有关的历史地名和渊源，让游人在异域风情的体验中切换至千年金陵古文脉、景观的岁月厚重感深沉而隽永。水系景观中"一池三山"的中国古典造园艺术手法，与欧洲荷兰风格的农业景观巧妙融合，文化、文明互见，用实际案例解释了中西合璧，文化交融。

融汇了历史文化和人文色彩的花境景观，其承载的已经不仅仅是视觉和嗅觉的体验，更是文明的沉思和心灵的感悟。

从以上的对比实例可见，虽然同属于郁金香主题花境，但是，因为背景环境的差异，布局方式的区别，设计理念的不同，人文历史和情感记忆等文化背景的区别，其呈现的艺术效果差异很大。在花境所呈现的不同情境中，人们获得不一样的心理感受。

这就是花境的艺术魅力。

中山植物园郁金香花海

4.4.2 艺术来源于生活

数年前风靡的花海景观，其中出镜率最高的植物就是**薰衣草**，园林行业的人都不陌生。薰衣草曾在大江南北的花境中得到普遍运用，但是长期效果都不是很好，因为气候环境等原因，后来迫不得已，很多花海用柳叶马鞭草、各种**鼠尾草**和薄荷类花卉来"冒名顶替"，冒充薰衣草。

与薰衣草相似，据说起源于中国西部地区，风行于全国各地的**格桑花花海**也遍地开花。还有模仿日本富士藻琴山的芝樱花海，模仿荷兰库肯霍夫公园的郁金香花海等，都以大尺度的壮观花卉效果吸引人，但景观艺术效果却是差强人意。

在不断的摸索和实践中，聪明、务实的园林人逐渐寻找到了克服花海景观艺术单调和花期过于集中等缺陷的办法，用本土类似的花卉植物品种代替、衬托，混杂一些对比色，设置很多景观小品及环境艺术元素于其中，形成有地域特色的"替代"花境、花海产品，在这样的花海花境景观中，花卉观赏期更长，游赏、休闲娱乐、教育等效果更好，游人更能够感受到自然、野趣和生机。

可以说，是生活和现实教会了花境设计和建造者如何去理解和模仿自然的艺术美。

借用诗句"平常一样窗前月，才有梅花便不同"[1]，花境艺术境界，不是空中楼阁，也不是闭门造车，而是生活和自然规律的结晶。

这才是花境的应有境界。

---

1 诗句引自宋朝杜耒的《寒夜》："寒夜客来茶当酒，竹炉汤沸火初红。寻常一样窗前月，才有梅花便不同。"

4.4.3 花境之野趣是更高的艺术境界

花境的艺术，需雅俗共赏。以生态为基础，以回归自然为根源，以花卉为特色，以艺境为核心，以野生趣味为底蕴，花境景观要求选用的花卉种类丰富，形成景观的多样化、品种的丰富化和野化。

应该说花境设计上有原则而无规则，但凡给出花境设计模式和花卉搭配原则的，都是只能适用于其所在地、所在环境的样式，一时、一地之景，换一个地方，就需有一个地方的不同，即使植物相同，其高低错落，组团占比多少，栽培重点也应该有所不同。

花境，要好看，更要"有用"。有用体现的是其生态功能、市政功能、景观功能等，满足得巧妙才见设计的功底。

花境必须适应当地生态环境，凸显地方植物特色，后期养护投入少，能够持续保持较好的景观状态。如果能够蕴含显著的文化特色，体现人文、历史、风俗、人物等，则是花境设计的上品。

应该说，自然之美无限，所以花境设计的艺术空间也无限。

5 艺术设计实践

花境作为园林景观形式的一种，通过艺术美、自然美的观赏、体验和接触，能缓解人们的精神压力，给游人带来舒畅的心情，陶冶情操，提升生活质量，有益于市民、游客的身心健康。

笔者在大量的设计实践过程中总结了一些经验，希望能给花境设计者带来一些帮助。

5.1 技术务实与艺术精彩兼顾

5.1.1 植物生理、生态

花境栽植工作是建造的"隐蔽工程"，这个层面涉及植物生理、生态，栽植地条件等几方面，前提是要充分了解各种植物的生理、生态属性，季相特色等，如株形、株高、花期、花色、叶片质地等观赏特点。还有花卉植物对环境的要求，能否露地越冬，花期和观赏期多长，种内竞争性、种间竞争性等特征如何，这样才能科学搭配，合理配比，不至于随意设计，使花境寿命变短或观赏性不高。

在充分了解植物生理、生态特性的基础上能较准确地确定栽植地、种植池的基本要求，包括面积大小、土层厚度以及土壤质地等。还有地形和坡度等条件，比如结合观赏和艺术构图的需要，可以设置不低于15%的坡度，以利于观赏，也有利于排水。

5.1.2 技术和艺术

花境设计技术和艺术层面则涉及观赏性设计，观赏面、观赏时期、色彩等方面。还有平面和竖向的艺术设计。

色彩设计是基础，展现色彩美，吸引人，是花境的基础特性。一般采取类似色、对比色和互补色的设计手法。比如早春自然界的鹅黄、嫩绿与红色、粉色、白色花境形成较大的色差，视觉吸引力较大。所以早春的特色花境多半选用亮色系，而秋季大自然的各种黄色是主体，花境适宜用黄色作主色调与其协调，如各种黄色菊花，如硫华菊，搭配红色和紫色的花卉植物，如蜀葵，甚至植株矮小的鸡爪槭或红枫，形成一定的对比，增加视觉效果。

平面和竖向设计是宏观要求，避免宏观视觉上出现混乱和失调。

立面设计要避免太平、太浅近，要尽量拉开立面高差和景深层次，用视觉深度和丰富度体现植物的群落美，要求植株高低错落有致、花色层次分明。巧妙利用花卉植物的株型、株高、花序以及质地等观赏特性，创造出丰富美观的立面景观，将花卉的色彩、形状最好地展现出来。

花境设计的构图要考虑前景、中景、背景的不同视觉功能，要求主次分明、进退有景、有虚有实。中景位置宜安放主景，简单来说就是把最高的植物种在后面，最矮的植株种在前面或四周。但是，适当的掩映和遮挡也会增加视觉层次感，不可一览无余。理解运用好园林艺术的"旷奥兼备"原理，才能布局好景观层次。

为了增加景观的深度、厚度和丰富度，在花境中添置景观石，营造山林景观效果，为一些山花类植物提供背景环境。

还可在花境中设置小型水系或旱溪，为水生、湿生植物创造生长环境，从而丰富景观类型，更能丰富花卉植物类型。

花境前景一般选择低矮匍匐状、枝叶密集秀美的植物，以适合近距离的观赏。而背景多选择高大直立、竖向生长的植物。

一个花境，除非纯种设计或纯色设计，应该尽量丰富植物种类，注意协调统一的基础上花型、花色多样，满足生态和观赏需求。季相上，尽量做到"四时不同"，不同季节有不同的欣赏点。

5.1.3 环境背景

与环境背景融合是花境设计的大原则之一。如何围绕环境设计花境，如何围绕花境营造环境，都需要有技巧。根据场地和表达要求进行设计和建造，常用的方式是绿色的树篱或灌木篱做背景墙。有时条件不具备或者为了对比出花卉植物的动态、季相变化效果，会使用固定的砖石砌筑墙体或金属、木质、竹质棚栏等作背景墙。

从视觉效果考虑，背景与花境之间应该留有一定的间隔或形成一定的高差。

花境最好有可见的边界，可用自然的石块、砖块、瓦片、木棍、竹竿等材料构筑，类似于市政道路的站牙，而为了顺接自然，也可以不立站牙，而是用混凝土预制砖等平牙作花境分界线。

很多时候为了体现花境的生态自然特色，不用砖块、竹、木等，而是采用低矮植物镶边，如佛甲草、矮石竹、日本矮麦冬等，从视觉效果考虑，选用的植物高度不宜超过15~20厘米。

要根据环境条件确定花境的空间尺度，做到因地制宜，和谐恰当。比如平面布局过大的花境，一般采用组团分割方式将其分成数片，对于带状布局而线形过长的花境也应进行分段处理。这样，在保持整体统一性和协调性的前提下可以增加变化，无论是品种变化还是色彩变化，都能创造出丰富的视觉艺术效果。

花境尺度要兼顾美学和人体工程学原理，使游客观赏花境的过程变得舒适、美好，否则产生视觉疲劳和压抑感，会大大降低景观效果。另外，适当的尺度，也有利于养护管理者的操作，比如绣线菊、火棘、枸骨、石楠等片状栽植，如果平面连续不间断布局尺度过大，则中间部分植株修剪、防治病虫害等养护管理操作难以实施。

能实现花境与环境相得益彰，烘托出花卉植物自然和艺术之美，是花境的责任。

总之，花境，就是以园林艺术美学为工具，以植物生理生态学为基础，通过设计、建设和维护，充分表现植物本身的自然美、色彩美和群体美。

5.2 艺术设计步骤

5.2.1 花境艺术设计

在充分调研分析背景环境和需求的基础上，首先需要确定主题、主色，选择主要花卉植物。也就是俗称的主打花卉品种。

以成片、艳丽、饱满的杜鹃花为主，可展现山野烂漫，春色浓烈。以大花序、颜色喜人的园艺八仙花为主，可凸显庭院悠悠，富贵繁华。依山就势设置在山坡上成地毯状布置的丛生福禄考（芝樱）、红花酢浆草、美丽月见草等为主，可表现壮观开阔，激情和现代。绿叶丛中挺拔艳丽的**大花飞燕草、花菱草、耧斗菜、羽扇豆、毛地黄、美女樱、花毛莨、铁线莲**等为主，目的是园林新奇浪漫，美丽绚烂的特色展示。

花境花卉植物选择可以是一个品种的"独奏"，也可以是多个品种"合奏"，还可以是一个品种不同花色的"家族戏"。

选定了主打品种后，再决定是否配置次主题、副主题，是否需要设置对比、烘托花卉植物。

一般小型花境，尽量只设计一个主题，围绕一个主题进行必要的强化或对比。

尺度较大的花境、多片区组合的花境等，则可以设置多个主题，如分别以春花、夏花和秋花为特色的主打品种。可以借鉴中国传统山水假山堆置理论中的"主景、次景和客景"原理，主景凸显主题，次景配合风格，客景用于对比或反差。

5.2.2 花境设计平面布局

平面布局有规整式、自然式、综合式等多种方式，要因地制宜，以满足功能，凸显花卉植物特点为根本。

5.2.3 竖向布局

根据视觉效果的要求，竖向布局需权衡背景环境的高低、大小和花境占地的面积等，设置必要的高低差，形成艺术的竖向布局，和谐的"花境天际线"。

5.2.4 配景设计

配景可根据主题需求，配合以地形、草坪、花器小品（含假山置石等）、白石子、景墙、绿雕、色叶灌木，就很容易建成一个有内涵的花境景点。如果再配以水面、水生植物，更能大大丰富品种，延长盛花期，营造多种群落生态，增加观赏内容。

5.2.5 理论与实践融会贯通

花境设计和建造的理论是总结大量实践的结果，理论指导实践，实践丰富理论。花境作为园林景观形式一种，大多数园林艺术原理都适用于花境，所以，具有丰富的园林景观经验对于花境设计建造也是必要的。但是，花境也有其独特的一面，我们要在实践中对既有理论进行修正或补充，活学活用，理论与实践结合才能做出精品。

计成在《园冶图说》一书中对造园艺术的精妙总结："轩楹高爽，窗户虚邻；纳千顷之汪洋，收四时之烂漫。梧荫匝地，槐荫当庭；插柳延堤，栽梅绕屋。结茅竹里，浚一派之长源；障锦山屏，列千寻之耸翠。虽由人作，宛自天开。"

"虽由人作，宛自天开"，很好地总结了造园所要达到的意境和艺术效果。如何将

"幽""雅""闲"的意境营造出一种"天然之趣",是园林设计者的技巧和修养的体现。对于花境艺术这一新兴园林艺术形式,更要融会贯通,学古而不泥古,取其精华去其糟粕。在花境设计建造中活用建筑、山水、花木等类似的建设要素,取诗和音乐的意境作为设计灵感,取山水画境作为艺术设计的蓝图,经过自己独特的艺术创作,以达到虽经人工创造,又不露斧凿痕迹仿佛自然天成的效果。

例如在古典园林叠山手法中,就"最忌居中,更宜散漫"。建一个景观亭,须"安亭有式,基立无凭"。也就是说这个亭子——园林建筑或小品具体建造在园子的什么地方,如何建造,没有定式,要依周围的环境来决定,使之与周围的景色相协调,最终的目的是使环境显得更丰富、自然。

设计一个花境,也是如此,环境和功能是决定其设计方向的根本要素。花境的中心点、重心点在什么地方,能否确定恰当是对艺术设计功底的考验。竖向高差要达到多大,主色调选择什么,都需要与环境相协调。

芦花深处泊孤舟

总而言之,景观设计,尤其是以模仿自然为初始目的的花境设计,不能单纯地模仿自然,再现原物原貌,而是要求设计和建设者真实地反映自然意趣,又高于自然形态。尽可能做到远近、高低、大小、色调互相均衡、协调,达到有机的统一,体现出自然世界的美好多姿。不同环境背景、不同设计风格的花境,会展现完全不同的特色。

5.3 细节设计

花境设计,要主次分明,对于一个花境片区(可能范围很大,也可能范围很小,大到一个数万数十万平方的广场、花海,小到一个花盆),一定要有其主题思想,主次分明,配比合适,对比、衬托恰当。不管是在品种上,还是在花色上,以及在主要欣赏季节上,都必须有所考虑。

传统的花境,一般都选择在林地边缘建植,原因主要是可以利用林地的小气候环境为花境植物提供生理环境保障。首先是光照条件——花境植物多半是草本花卉、矮小灌木、地被类等,根浅株小,很多品种不宜直接暴露在过于强烈的光照条件下,需要林缘环境"遮风挡雨"。其次是湿度条件——空气和土壤无论是过于干燥还是过于湿润,都不利于花境植物生长,花境植物种群需要林地所创造的合适的湿度条件。

还有其他一些环境因子。

另外一个重要的原因就是花境景观效果的需要。林带无形中成为花境绝佳的观赏背景，无论从天际线——竖向设计，还是从颜色——色彩设计等方面看，浓绿的林带都为花境提供了很好的景观背景，衬托出花境的繁华（花）、生机和怡人。

花境艺术设计中还有很多实用的技巧。

5.3.1 前、中、主景和背景的不同设计

无论尺度大小，从观赏角度考虑，花境前景都要精细，或地被花卉、或草坪、或观赏辅材，要求优美、纯净、简洁、整齐、细腻；背景要浓丽、稳重，如松、杉、竹或绿篱、花墙、建筑、雕塑等，以深色为好；主景植物要尽量花繁密、花朵大，花色艳丽的植物，对比强烈或者互相和谐。

花境周圈一般都要配以绿草的背景或者深色林带作为过渡带，成为景观的底色，以烘托花境鲜艳的色彩美，有些类似绘画的图框和留白。所以，比较吸引人的花境，常常是种植在一大片一大片疏林草地的边缘，大面积纯净而翠绿的草地就是五颜六色花境的"背景板"，烘托得花境花卉更加鹤立鸡群、鲜艳夺目。

5.3.2 体验设计

我们在建植花境的时候，艺术设计要以观赏为本。根据人体工程学原理，成人站立、蹲坐时的视线高度是花境的主观赏高度：140~160 厘米和 60~70 厘米的集中区域。以使用芳香地被植物百里香（*Thymus mongolicus* Ronn.，唇形科百里香属）作花境植物为例，因其植株低矮，匍匐在地上生长，要观察和嗅闻香气，游人必须趴在地上才能够着，无论是观察、拍照还是闻香，都很困难。如果直接栽在平地，再混同于花境植物丛中，不但不方便欣赏，也容易被观众忽略，明珠暗投。与此类似的花境植物还有荆芥（*Nepeta cataria* L.，唇形科荆芥属多年生草本植物）、佛甲草（*Sedum lineare* Thunb.，景天科景天属多年生草本植物）、虎耳草（*Saxifraga stolonifera* Curt.，虎耳草科虎耳草属多年生草本）、地被石竹（*Dianthus plumarius*.，石竹科石竹属多年生草本植物）、针叶天蓝绣球（*Phlox subulata* L.，别名丛生福禄考、芝樱，花葱科天蓝绣球属多年生矮小草本）等。为了彰显这一类型花卉植物最佳观赏效果，在花境应用中，可以考虑将花境的栽培基础抬高，台地式栽植、花坛式栽植、山坡式栽植等，或者将游人的观赏步行道设计成下沉式，人走在下沉式道路上，而植物种植在两旁的"崖壁"上，花朵几乎和人的眼睛、鼻子同高，有利于欣赏和闻香，以实现最佳欣赏效果，也不容易被忽略。

有时，故意将一些紫苏、矮本薄荷、水栀子、干叶兰等香花、低矮、细小植物作垂

直绿化材料，或吊篮栽植，方便零距离欣赏和闻香，也是花境建植的解决方案。

很多单花较小，整体花朵繁密，植株较矮的花卉植物应用于花海景观时，比如<u>丛生福禄考（针叶天蓝绣球）</u>、薰衣草、波斯菊、百日草、喜林草、萼距花等，人们欣赏的重点是花境（花海）的整体效果。一般需较大面积集中种植，全景观赏效果需要有一定的远观距离和俯视位置，这时花境设计者就需要对地形作必要的处理，要有起伏，最好是形成一定的坡面，设置几处较高的观景台，丰富景观效果的同时，更是为了方便观众全景欣赏花境，实现最佳的观赏效果。

5.3.3 边界设计

园林树木栽培养护中经常在树木根部周围做"树围子""养护沟"，目的是改善根茎周边的环境，保水蓄肥、辅助防治病虫害。而花境建植时多半也需要在区域周边进行切边、加隔离带、挖养护沟，目的之一是可以减少周边草坪和树木根系对花境的侵扰、竞争，同时也起到保水蓄肥作用。从景观效果的角度看，这样做还有一个很重要的目的就是使视觉上边界更明晰，更整洁美观。

无论从养护管理角度出发还是从观赏美的角度出发，花境设计建造时都需有清晰的景观边界。设计者需因地制宜地设置养护沟或者用硬质石（砖）材、木（竹）材、工业材料等设置边界。

有时，对于一些自繁能力特别强的花境植物，需要在花境边缘开挖必要的隔离沟（宽 20 厘米、深 20 厘米左右）以阻断其过度繁殖，比如<u>臭牡丹、桂圆木、石蒜、矮本观赏竹</u>等。

为了尽量阻止花境植物的过度扩繁，在隔离沟边上设置砖砌体牙边，阻止无序蔓延的同时形成矮花坛类似的景观效果。有的是将园砖竖着埋入花境边缘的地下，以切断竹子、芦苇等的根系蔓延路径。

5.3.4 欣赏通道设计

花境艺术设计中须充分考虑观众的欣赏通道。

花境要留有合理的人行通道和观赏、摄影区间。新加坡植物园兰园里摄影点的设置就是非常人性化设计。

花境的设计，还要考虑建植与养护管理的操作需要。片植宽度达 1.2 米以上，连续长度超 8 米以上，就要考虑将花境（花带）进行分行和分段，目的之一是有利于管理人员栽植、除草、修剪、病虫害防治操作，另外一个目的就是让观众可以方便地进入花境花带丛中，零距离地亲近花朵、植株。

另外，从美学角度考虑，不同观赏距离和角度去观赏花卉植物，会获得不同的感受，这也是花境艺术设计需要考虑的细节。对于主要观花或者观赏叶形的花境，更要如此。

设置分行、分段时，其形式要充分考虑视觉上的美观性，尽量侧向，尽量隐蔽，这样远观花境效果仍然是一个整体。有时

花海设计中充足的观赏通道

为了既保持完整性又兼顾操作方便，可以将花境的边缘设计成波浪状，曲线柔美的同时，也形成了凸凹有致的进深，方便观赏、摄影、建植和修剪养护等。

5.3.5 尺度设计

不同花境，往往承载着不同的功能，面临着不同的背景环境，其尺度自然也不同。

5.3.5.1 交通道路附属绿地花境

其观赏对象是在驾驶车辆的驾驶员，移动速度较快，如果其中设置花境，设计尺度要大，色彩要明亮，品种不可太多太繁杂，变化频率要低，一般以带状为主，以柔和、稳定的色彩和尺度缓解驾驶员的视觉疲劳。切不可因花境太绚烂而分散注意力，扰乱交通秩序。

这种花境要注重动态视觉效果设计，利用视觉连续性，给观赏者带来愉悦的体验。

5.3.5.2 居住区绿地中的花境

选材以艳丽、颜色丰富的植物为好，改变居住区单调的绿化外观。可根据实际需要配合设置一些花台、花盆等栽植方式，更有利于凸显花境的主导地位，起到类似盆景几架的衬托效果。这样的花境设计尺度要小，要符合观赏者欣赏的现实需要。

5.3.5.3 建筑集中区域的花境

要有俯视的视角，要富于变化和增加层次，尺度要与建筑相协调。可以配置一定竖向高度的花灌木和耐修剪的造型植物，比如红枫、鸡爪槭、蓝冰柏、浓香茉莉、郁香忍冬、黄刺玫、花叶杞柳、造型小叶女贞、木芙蓉、喷雪花等。

5.3.5.4 小庭园的花境

尤其要精致细腻，尺度更小更琐碎。因为可以投入的养护管理强度大，所以可以配置大量花色艳丽花朵大而繁密的花卉植物，达到绚烂多姿的效果，比如郁金香、西洋水仙、风信子、飞燕草、羽扇豆、牡丹、芍药以及各种月季、萱草、鸢尾、朱顶红、文殊兰、百子莲等。

小庭院中如果竖向上配植乔木则极容易遮蔽其林下的花境，所以，常常使用花器栽培一些木本花灌木以及藤本、垂挂植物，以抬高竖向上的高差，增加立体感，丰富景观。花器可以是花盆、花台、花缸、花篮，甚至是台阶、亭廊悬挂、竹篱笆攀爬等。尺度因地制宜，大多呈现微缩景观、盆栽景观效果。

5.3.5.5 其他尺度细节

从花卉生长协调性的细节考虑，双面观的花境如果呈长条带状，则最好设计成南北走向，以便两面采光相当，生长均匀。如果自然条件只允许东西走向设置的，则可以设计成两面分别为喜阳植物和耐阴植物的非对称花境。

花境（花带）的长、宽或面积达到一定的规模后，设计中就需考虑分区，区与区之间的比例、间隔的大小、分区的手法等，要符合美学要求。还要考虑花境植物栽植密度和色彩变化的问题，尤其是密度，不仅是设计美学考虑的要素，更是植物生理、气候环境和工程施工、病虫害防治等后期养护管理需考虑的要素。

5.3.6 季相设计

随着现代花卉植物育种、栽培、引进和驯化技术的进步，花境可选花卉植物品种不断丰富，建设方的要求一般花境都需要达到"三季有花，四季常青（不可黄土裸露）"，平时要绚丽多姿，花色丰富。对于花境设计而言，季相设计尤为重要，也颇费功夫。除了要积累足够的花卉植物资源、信息以及应用基本功外，还要有随机应变的能力。面对栽植环境条件不佳时，解决季相设计问题应从以下两个方面着手：

一是合理规避一些约束性条件。冬季和夏季的极端低温、高温时段，很多花卉植物处于休眠状态。从建设长效化和节约型园林角度考虑，花境中适当借用非花卉植物类景观辅助材料是合理的。如借鉴国外成熟经验和引进先进生产技术，我国很多地方的花境中逐渐开始使用专用有机覆盖物，用彩色覆盖物辅助遮盖休夏或越冬落叶的花境区域，保持景观的持续优良观赏效果，形成花开则一片鲜花，花落则整齐的有机覆盖物，不失为另一种风景，也属于保护生态的举措。具体设计时常在成片的覆盖物中配置一定数量局部丛、片状的耐高温、低温等极端气候的植物，以破除单调感。使用有机覆盖物比碎石子等无机覆盖物更环保，也有利于种植地土壤的改良。类似的办法还有用干花、干草编造园林小品，甚至用摆件等替代休眠期花卉植物，弥补短时间的景观缺陷，避免"黄土裸露"，保持良好的景观效果。在景观评价上，这些方法不应该被定性为造假。

二是花境中选用适当比例的一年生草花。一年或两年生草本花卉品种繁多，花色丰富，时效性强，不同环境下有不同的品种可供选择，运用得好可以弥补冬夏极端气候条件下短时间内花境缺少开花植物的缺点。使用草本花卉前提是所增加人力、物力要在可以接受的范围内，同时要能达到设计效果。

5.4 常见花境类型艺术设计

5.4.1 主次交通干道路缘花境设计

城市主次交通干道路缘花境因道路规划绿线的宽度有限，决定其进深有限，基本都呈带状线形，主要包括路缘绿地花境、道路中央分隔带花境、道路岛头花境、人行道花境等类型。设计要求节奏感、色彩感、低养护。

交通主次干道的功能明确，车流、人流量大，车速较快，噪音较大，一般不考虑人、车的停驻观赏需求。花境设计应加大块面团组尺度，弱化花卉个体，强化大色块、连续线形效果，植物团块尺度相对较大。

因为市政道路的小气候环境相对恶劣，且养护管理难度较大，养护频次不宜太高，所以在植物材料选择上，应尽量用少维护或免维护的宿根、乔灌木花卉植物，多选用抗性强、耐干旱瘠薄的灌木及观赏期长的花卉品种。

交通主次干道车速较快的特点决定其花境植物团块强调整体感，分割不宜太过细碎，布局尺度要足够大，颜色不能太花哨和琐碎。为了增加竖向变化和视觉美感，可在主团块周围或中间穿插布置一些小乔木、花灌木以及色叶植物。有时，可设置一些园林景观小品、雕塑、标识等城市家具，调节其变化和视觉效果。

对于纵向连续延伸较长的路缘花境，需要设置必要的段落，有连有断，有长有短。可根据车速和审美规律作宏观的规划构思，并结合实际现场演示，最终形成节奏明快，主题鲜明，协调一致的带状路缘花境景观，使驾驶人获得视觉上的美感享受，放松心情，提高驾驶安全性。

乔灌木有：紫叶李、紫荆、紫薇、美人梅、紫玉兰、琼花、李叶绣线菊、郁李、杨梅、枇杷、木槿、海棠、红枫（密栽或半遮阴）等。

中层植物有：金叶女贞、红叶石楠、地中海荚蒾、红花檵木绿篱，以及凤尾兰、丝兰、醉鱼草、蜀葵、锦葵，以及各种观赏草等。

前景植物有：鸢尾、美人蕉、八宝景天、鼠尾草、荆芥、金鸡菊、金光菊、波斯菊、

紫松果菊、宿根天人菊、花叶阔叶麦冬、垂盆草等。

搭配草本花卉材料有：矮牵牛、凤仙花、鸭趾草等。

主次交通干道中央隔离带绿地中的花境，功能设计上，要辅助交通设施，提高交通安全性。尽量消除来往会车时对面车道的灯光及噪音的互相影响等。花境中植物植株宜密植，且达到一定的高度，冬季最好不落叶，周围配以开花植物以增加色彩及美感，缓解视觉疲劳。

可以适当密植桧柏篱、穗花牡荆、石蚕花、花叶胡颓子、醉鱼草、红瑞木、美人蕉，以及观赏草中的意大利芦苇、针叶芒草等；夹杂八宝景天、蓝花鼠尾草、迷迭香、波斯菊、金鸡菊、天人菊、黑心菊、金叶番薯等。

5.4.2 公园绿地中的花境设计

运用于公园中的花境最为广泛和多元，形式也较自由、丰富，如场地中心、轴线、林缘、建筑周边、路缘等。每个点的花境都需要根据需要和环境特色进行专门设计，以呈现更为多样、丰富的景观效果，为公园整体游览、休闲、教育、娱乐功能服务。

相对而言公园的养护管理都会比其他绿地更稳定和专业，公园的功能定位也非常明确，游客数量和游客需求决定其景观的功能定位以及景观品质要求，所以，花境设计、建造多要求更加专业，物种多样性、花卉丰富度以及科普性质等更加全面，同时花境景观建设和管理应更加精细。

公园中的花境除了设计的多样化、管理的精细化外，视觉效果上还要融入原有宏观园区环境景观中。以原有的乔灌木为背景，草坪为前景，视觉艺术设计可以巧妙借景，合理布局，平面布置和竖向高度等均和谐恰当，为园区景观增彩添色，甚至画龙点睛。

植物品种选择上，宜多种植质地轻盈、野趣感强或者具有主题特色的花卉种类，色彩服从于整个园区的色调，不宜过于艳丽，与自然的林缘背景相结合，形成郊野浪漫、层次丰富的花境景观。

细节设计之海石竹和覆盖物

经常使用的植物材料有木绣球、紫叶风箱果、琼花、蜀葵、李叶绣线菊、千屈菜、黑心菊、美女樱，以及各类观赏草等作背景；黄花月见草、紫松果菊、大滨菊、黄晶菊、山桃草、火炬花、蛇鞭菊、假龙口花、林荫鼠尾草、宿根天人菊、飞燕草、钓钟柳、婆婆纳、鼠尾草、紫苑等作中景；美丽月见草、福禄考、桔梗、石竹、景天、白晶菊、火星花（雄黄兰）、藿香蓟等作前景。

公园的水系、湿地区域，可根据湿地特色建植专门的湿地花境，形成鸢尾园、菖蒲园或雨水花园等特色花境。

具有坡地、山地、岩石区的综合性公园，可适当设置蕨类植物、景天科植物为特色的阴生花境、岩石花境等，以丰富、凸显公园主题特色。

5.4.3 楼宇、场馆等公共建筑周边的功能性花境设计

一般情况下，在楼宇、场馆等建筑周边多有预留公共活动场地，处于视觉的中心，且较开阔、通透。这种场地上的花境景观设计，要尽量提炼和发掘高大城市建筑的建筑元素、建筑语言，运用到花境设计中，在满足功能需求的前提下，形成特色花境，总体手法要简洁、大气和现代。

功能性主要表现在烘托视觉中心效果，衬托建筑特色，如遮挡空调外机、车库出入口、人防、消防、防汛等市政设施的作用，化腐朽为神奇，将消极空间转化为视觉上的积极空间。特点则表现在花卉植物造型、色彩上尽量匹配建筑特色或者环境色彩，用花境形成标志性景观。尺度上，花境的平面和竖向尺度应与建筑物的体量相协调，巧妙运用三远法构图，形成和谐的艺术视觉空间。

因为城市空间的复杂性，所以在花境设计时需要用简洁化的手法和外观反衬出原有公共建筑物的建筑特色和轮廓美，不太适合形成太烦琐、太野趣、太杂乱的视觉效果。

另外，因为公共人流量较大，受到人为的干扰较多，公共设施周边的绿地管理具有一定的局限性和粗放性，花境设计选材上最好选择观赏期相对较长、养护管理相对简便的植物种类。植物材料不宜过多过乱，色彩不宜过于花哨，主题不能多元，视觉上要干净、简洁、大气、现代，最好与建筑气质匹配。常使用耐修剪易造型的花灌木、纯种观赏草、宿根大花花卉等为主，常形成主题、混合花境。

手法大胆的例子是选择几种主题特色花卉植物材料作为核心，平面上以几何手法进行规整、流线布局，竖向上不追求复杂，但是，却有意在三四个不同高程预设不同的花卉植物以供观赏，如上层用樱花、巨紫荆等观花乔木行道树栽植，下层设置雨水花园式规整的鸢尾种植池，观赏草直线构图，佛甲草、美女樱、酢浆草等作地被，简洁大方。可用于此类花境的优秀花卉植物材料还有：丛生福禄考、飞燕草、观赏百合、狼尾草、

血草、大花萱草、蒲棒菊、紫松果菊、金鸡菊、天人菊、荆芥、千屈菜、蓝花鼠尾草、日本鸢尾、迷迭香、荷兰菊、葱兰等。

5.4.4 庭院花境设计要求

经济社会的发展、城市化进程的加快促进了家庭园艺和庭院绿化的兴起，小到一个花盆、一个花缸、一个阳台、一片菜地，大到一个院子、一片广场，甚至街头绿地、口袋公园，都需要高质量的景观环境。随着国民素质的普遍提高，审美能力的提升，人们对居住环境美化的要求也在与日俱增。这就给微型花境、庭院花境提供了巨大的发展空间。尤其是一些郊野别墅区及高档社区里的庭院、私家小花园，花境运用已经十分普遍。

庭院花境设计更要注重特色和个性化定制，对于芳香植物，如薄荷、荆芥、藿香、罗勒、迷迭香、薰衣草等较为偏爱，另外，石榴、山茶、芍药、月季、大丽花、园艺八仙花、花毛茛、耧斗菜、锦葵、观赏向日葵等也是较好的选择，还有枇杷、杨梅、蜡梅、栀子花、橘树、茉莉、风车茉莉、郁金香等香花植物也是社区种植非常喜欢的品种。可食花境、科普花境等特色花境也适合应用于庭院中。

私家花园的花境设计应该更注重体验和实用，与日常生活良性互动，有的能将各种蔬菜、瓜果甚至油菜等开花农作物当做观赏植物栽植，在欣赏艺术美的同时也能有食用的实用功能，通过花境更体现人与自然的和谐之美。

5.5 活用"三远法"

观赏视角不同，园林景观所展现的美学效果也不一样。反过来，需要获得什么样的视觉美学效果，就需要有恰当的观赏视角。花境景观属于立体造景范畴，设计中撇开植物生理、生态、色彩等其他要素不谈，我们最应该关注的就是平面布局和竖向高低之间的协调关系。设计师可以套用山水画理论的"高远、平远与深远"三远法，在不同的环境条件下设计建造不同艺术构图的花境景观，将绘画原理活学活用于花境景观设计中。

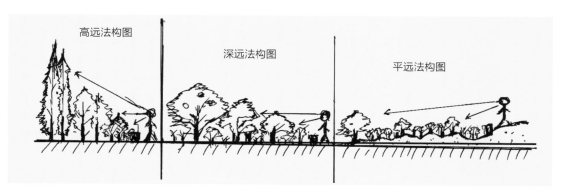

三远法在花境设计中的灵活应用（示意）

北宋杰出画家、绘画理论家郭熙在《林泉高致》中说"山有三远：自山下而仰山巅谓之高远；自山前而窥山后谓之深远；自近山而望远山谓之平远。"简单的对比基本说清楚了三远的概念。

5.5.1 高远

所谓高远，就是"自山下仰观山巅"，视点近，高差大，因仰视而感觉山势巍峨宏伟，让人敬仰。范宽的《溪山行旅图》，就是高远法构图的代表作之一。

在花境设计中，如果设计范围是尺度不大（几十至数百平方米）且进深较浅的环境，可以进行高远设计，背景使用塔松、柳杉、蓝冰柏、桧柏等竖向生长且常绿的植物形成较高的"山峰"，中景和前景用修剪得当且布置紧凑的紫叶李、柽柳、紫薇等花灌木，前景是红叶石楠球、石蚕花球、菱叶绣线菊球，夹杂点缀月季、蓝目菊、月见草、美女樱花丛中，视点就在花丛前，抬头就能看到高高的背景，逼近且密集，形成高远峻峭的视觉效果。

这种小尺度、高落差的"高远"花境往往适合在高大建筑物前见缝插针地布置，视觉感受与高大建筑物协调，且独立成景。

高远设计

5.5.2 深远

所谓深远，就是"自山前而窥见山后"。视点较平，高差小，景深深邃而可见内容丰富。元朝王蒙作《青卞隐居图》是深远构图布局的代表作。

在花境设计中，如设计范围中等大小（数百至几千平方米），有一定的进深，

深远设计

溪山行旅图

青卞隐居图（局部）

则可以结合地形起伏，进行深远布局。布置木瓜海棠、紫玉兰、巨紫荆、鸡爪槭、木绣球等乔灌木作背景，沿着坡度数丛密植，增加背景深度和内容，中景木芙蓉、红花檵木、银姬小蜡、花叶胡颓子、大叶栀子花、细叶芒等观赏草错杂种植，间杂蜀葵、桂圆木、蛇鞭菊、松果菊、天人菊，前景是山桃草、石竹等花卉（搭配要注意整洁，防止出现凌乱的视觉效果）。整体高差较小，景深中等，层次较饱满，视觉感受丰富多彩。

这种花境适合在较大的草坪、广场中设置的多组团花境使用，起到丰富景观，分割视线，美化环境的作用。

5.5.3 平远

所谓平远，就是自近山而观赏远山的构图效果。视点较高，而且视距远，塑造的是"山随平视远"的效果，有"一览众山小"的气魄。元代赵孟頫的《水村图卷》，使用的便是平远法。

平远设计

对于大尺度的花境设计——花海、花圃（设计范围几千至数万平方米），可以很好地利用平远法视觉设计。平缓连绵的场地起伏，柔顺的曲线变化，故意设计的高台（塔）观景点，局部用花灌木球、灌木丛遮挡视线，远景点缀几棵玉兰、香樟等乔木，增加景观丰富度（注意，乔灌木

水村图卷（局部）

数量、比例一定不能多）。

万亩荷塘、秋日芦花荡等，也可以很好地使用平远构图法实施景观改造，增设观景台（塔）、拱桥，间杂远处几棵池杉、水松、落羽杉等，形成"莲叶何田田""芦花似雪带斜阳"的景观效果。

仅以一个"远"字为例，就可以很好地指导花境设计中的平面和竖向布局。可见中国古代山水画理论深厚，实践丰富，从中我们可以吸收借鉴很多美学理念和技巧，运用于花境景观设计和建造中。

当然，活用三远法，并不表示可以忽略植物本身的属性，也不能因为水墨画效果而忽视色彩在园林花境景观中的特殊作用。这就要求我们除了考虑园林常规的生境、画境和意境之趣味外，还要从美学的角度，考虑主景与次景的尺度，色彩以及形态的统一与变化，植株与花型的大与小、构图的虚与实，布局的疏与密、线条的直与曲等协调统一关系。

总之，花境艺术设计的目标就是展现植物的姿态，凸显花朵的形状与色彩，构成和谐的图景，配合形成园林景观的美好意境。

第三章 花境实践

作为园林景观的设计和建造者，职业成长之路多半是刚入门时，对于花卉植物的习性、特征知之甚少，甚至很多连名字都叫不出来，最迫切的难题是不知道有哪些植物素材可以运用到园林景观设计和建造中。历经数年的实践积累，逐渐了解、熟悉了很多常见园林花卉植物后，就开始追求和使用让观赏者眼前一亮的"新、奇、特"花卉植物，几乎无新不追，无奇不用。抑或是要建庭院景观，那么一定要用"好"植物品种，最好是又好又新的植物，如玉兰、海棠、五针松、梅花、蜡梅、山茶、牡丹、芍药、迎春、杜鹃等；要建广场，就罗列樱花、桂花、梅花、海棠、石榴、木槿、玉兰、紫荆以及各种新奇的草本花卉，花灌木阵列，下层夹杂花境，瞬间就成为爆点。这几乎成了百试不爽的"常规套路"。

但是，建设一处成熟的园林景观，作为一个花境设计建造者，我们更应该回归理性和长远，对于植物品种的追求，退居其次，更看重的是在合适的地方（环境）种植合适的花卉植物，运用生态环境知识和自然植物配植实例的积累，科学而艺术地将适合的植物品种互相配植到一起，最终形成稳定群落、美丽效果。

同时，我们应该理解花卉植物既是生命体，也是与人互动的文化与情感载体，设计建造景观花境等，应该能跳出将花卉植物简单地当成使用工具和操作对象的思维局限，要能深刻理解环境和生态，理解植物和生命，理解自然和生命成长变化的规律，才能设计建造和维护管理出园林经典，也将花境创造成内涵和外观都隽永的作品。

影响园林景观及植物生存各种要素关系示意图

1 花境的景观特性

花境，英文是"flower border"，大概意思就是以各种花木搭配栽植形成的具有一定欣赏效果和生态功能的一种园林景观形式。

从实践的角度来说，花境是将露地宿根花卉、球根花卉及其他一二年生花卉等具有一定观赏性的植物材料，科学组合栽植在树丛、绿篱、栏杆、绿地边缘、道路两旁及建筑物等景观之侧，以带状或点状自然式布置，充分展现花卉植物原有优美特色，以美化环境，提升景观效果的园林种植形式。是整合各种景观元素，凸显花卉植物的自然之美和艺术之美的园林艺术景观。

花境种植形式的缘起是受到自然环境中林缘各种野生花卉自发随意生长形成的美好景观效果的启发，经过人为的模仿和艺术的提炼，最终应用于园林景观中的一种新兴植物造景方式。

从艺术手法的角度分析，花境是园林艺术中规则式构图向纯自然式构图过度的综合风格，是一种半自然半人工的植物配植方式。

总结成功花境的特点，主要有三个方面：好看（艺术性强）、丰富（具有物种多样性）、生态（无限接近自然，交错、野生、群落稳定）。

从实用性的角度看，园林花境能大大丰富园林景观的色彩，增加植物群落的物种多样性，绿地的生态稳定性很高，保有时间更长。另外，花境的具体模式不拘一格，所以方便模拟甚至再现自然景观的效果（如新疆喀纳斯地区山区野花花境效果）。

另外，结合容器苗等栽培繁育手法的使用，花卉新品种的引进，花境景观形式确实成型快，层次丰富，季相变化多，容易达到让人眼前一亮的景观效果。又因为尺度近人，花境往往成为人们园林游览的视觉焦点。甚至，花境不仅是视觉或者景观的焦点，有时也可以成为游览线路的组织要素，指引游客往目标景区行进或者阻隔非目标景观。

在文旅产业、休闲度假需求迅速发展的背景下，花境得以大展拳脚，成为广大景观参与者们关注的热点实属正常。

 2 花境建造成败心得

花境建植成形快，成效快，但是，速成有时候也会带来速败。

不算设计和土建准备时间，花境建植一般一两个月（顶多半年）就能出效果。而且，往往因为使用大量的新奇开花植物，花境一旦建成，立刻就会成为园林景观中的新亮点——精巧、时尚、新奇。

微景观、口袋公园等城市更新景观形式的兴起，小尺度、成型快的要求进一步助推了花境的广泛运用。

但是，实际应用的结果是建植非常快的花境，衰败起来也非常快，能够高质量留存两年（两三个季候轮回）以上就算不容易了。究其原因，有花卉植物品种选择的问题，也有客观的气候环境、立地条件不佳等原因。

2.1 植物特性决定花境特性

花境之趣在于模仿自然，追求花形花色丰富多彩，所以其形式多样，植物素材品种繁多。然而一个地域有一个地域的文化特色和偏好，一个气候类型有一个气候类型的关键气候因子，设计时要做到品种搭配的科学和合理非常不容易。世界各地的花境特色不同，即便我国，东南西北不同地方也有诸多不同，一个地方很难照搬另外地方的模式。设计师既要掌握基本的植物生理学知识，也要在实践中掌握所在地气候环境、土壤环境下植物的个性表现，还要观察和了解小气候（微气候）环境的特别之处。

花境和其他园林景观一样，实现和表达艺术效果的主要组成素材是活体植物，是动态变化的、有生命的植物体，所以我们必须以动态的思维去思考和处置。春夏秋冬，四时不同；阴晴雨雪，天气不同，植物所展现的状态都不一样。花境艺术手法的使用建立在对花卉植物生理、生态了解的基础上进行艺术设计和建造，要求更为专业、细致和复杂。

另外，花境使用的植物体一般更加的繁复、纤弱，生理周期短，实现最佳艺术效果的窗口期也就更短。所以，如何实现花境最佳效果，对于设计和管理者而言，对所用植物素材的生理、性状、栽培方法的严谨把握更加具有挑战性。

为了削减花卉植物材料生理周期变化快带来花境的不稳定性，提高花境的成功率和存留时间，设计师们在花境中逐渐引进、配植一定比例的小乔木、灌木、常绿或色叶等植物，尤其是开花的灌木和长寿的**松**、**柏**、**竹**等植物，巧妙混搭宿根、球根花卉、观赏草和一两年生花卉，形成丰富的时序层次，大大提高了花境观赏时效和留存时长。

当然，也就是因为花境实现艺术效果的主要素材是活体植物，是动态变化的有生命的植物体，才会赋予作品千变万化、四时不同、与时俱进的艺术效果，有些作品的形态、色彩、气味往往出人意料，成为其吸引人的最大的亮点。所以花境艺术才是永无止境，常用常新的。

园林行业中"三分栽、七分管"的种植和管理原则，在花境建植和管理中是局部适用的，需要辩证思维，具体对待。（《花镜》中记录古人的名言："移树无时，莫教树知，多留宿根，记取南枝。"应该主要针对乔木和大规格灌木而言。）

花境这种新颖、美丽的园林景观配置方式的流行值得庆幸，但是任何事物均须一分为二地看待，花境设计、建造也应该因地制宜、量力而行。最终回归自然，是花境设计、建植的必要原则之一。

2.2 直接影响花境成败的环境要素

由于尺度不大以及所处的环境被人类的生活环境所包围，花境中的花卉植物对于气候更敏感，尤其是对阳光、温度的要求更高，适宜的气候范围更窄，建设和养护管理难度更大。

2.2.1 环境因素

在设计建造者具有一定园林、园艺基本功的前提下，笔者认为制约花境建植效果和成败的最核心因素就是光照和温度。

常见开花植物绝大多数生长期需要足够的光照和温度条件，所以对于一些新建公园和绿地，由于乔灌木类植物尚未生长丰满，林间郁闭度低，绿地内光照充足，恰恰能够满足下层花境花卉植物生长所需，在这样的公园、绿地建植花境就比较容易成功。（这当然也是在新建公园、绿地土壤肥力、养护管理强度等诸多因素正常供给、综合作用下的体现。）

而对于一些建成年代较老的公园、绿地，植被密度一般较大，绿化覆盖率很高，尤其是上层乔木形成郁闭的情况下，建植花境就比较困难，即便建植成功，养护难度也非常大。花卉植物普遍出现细弱、徒长，花色变淡甚至不开花，花期变短的状况。还有一个不可忽略的因素就是地下土壤条件的制约。主要表现在老公园的土壤中植物根系密布，可生长空间狭小，对土壤水分和肥力的竞争异常激烈，且因为多年生长，土壤中各种主要营养元素均出现了匮乏的状况。

如果要在老的公园、绿地中建植花境，既要寻找林窗空间，满足光线需求，更要配合修剪和林相更新，保持花境和原有绿化植物生态之间的平衡。同时，针对土壤空间有

限、土壤肥力匮乏等情况也须因地制宜地进行改良和补充。

有时可以借鉴农业栽培中积累的成熟经验，例如使用套种、轮作等技术，选择在秋冬季落叶乔木的林下建植较耐阴且秋冬季旺盛生长的宿根花境，选用比如**大吴风草**、麦冬、沿阶草、吉祥草、玉簪、葱兰、白及、常春藤、蕨类等作花境材料。

老的公园绿地建植花境，日常养护管理措施必须跟上，结合对乔木的科学修剪和生长控制，让花境植物模仿自然生存状态，给予适当炼苗和控水，实施科学管养，最终形成丰富、长久的林下、林缘花境景观。

2.2.2 园林景观几大元素对于花境设计建植成败的影响

在建植花境时要充分考虑山、水、建筑和植物，及其他动物的影响。花境需要在一定的地形中种植，这样才能使花卉植物的最佳效果凸显在观众的眼前，比如中间高两边低的岛式花境，背景靠围栏、墙壁、建筑物或绿篱的单面观花境，这些地形塑造手法就是活用园林景观要素中"山"和"建筑"要素的效果。

而在花境中设置雨水花园甚至景观水体，则是扩充景观内涵和动态，丰富植物品种的重要手段，就是活用园林景观中"水"的要素。而且，雨水花园、花境水系可以大大改善小环境的湿度环境，提高对于雨水的涵养与缓冲能力，改善绿地生态稳定性，综合效应很高。

建成花境，其实并不难，然而建设成功的花境却并不容易。生态、生理因素的考虑，艺术审美的考虑，实用功能的考虑，花境与山、水、建筑、人等关系的协调等，任何一个方面的缺失都可能导致花境建植的失败。

另外，花境设计建设成功，还需要特别关注动物的因素，甚至人的因素。

新加坡植物园兰园内专门为游客设置的摄影点

一些容易被游客采摘的植物，比如郁金香、洋水仙、花菱草、桔梗等，设计时需要通过护栏、隔离草坪等设施人为阻止游客过度靠近，尤其是防止儿童进入。

花境的精美和艳丽效果，往往是游客摄影的最佳地点，如何在不损害花境植物的同时又满足游客需求，就需要科学地设计游客摄影点、留影点、标识和解说牌等。

2.3 利用花卉植物自然特质

总体而言，花境中草本、地被植物可用品种远多于乔、灌木——这正是花境丰富多彩、吸引观者、迅速获得推广的主要原因。

草本、地被植物的地域差异非常大，不仅表现在南方草本、地被植物品种远远多于北方，还表现在即便同一种草本、地被植物，在南方可能生长茂盛、常绿、露地生长，而到了北方却表现生长缓慢，长势一般，甚至要设施栽培才能生存。

充分利用植物自然特性的差异，能多层次、多角度、短周期地展现不同地域、气候和景观环境背景下的植物造景艺术，展现不同地域特色，发挥的空间更大，更容易寻找到吸引人的热点，更容易表达设计思想。但是，如何因地制宜地选择和利用好自然花卉植物资源，需要严谨的植物资源分布资料和丰富的实践经验，且须尊重自然，师法自然。

以作者所在的江淮及长江中下游地区为例，本地区地处南北和气候过渡地带，植物品种丰富，驯化和引种空间很大。另外，人文活动活跃，艺术设计水平普遍较高，使此地区成为宿根花卉花境运用比较广泛、艺术水平较高的地区。但是，江淮区域地处亚热带北缘，冬夏长而春秋短，冬季干旱为主，短暂寒冷，夏季高温和暴雨的频率很高，常常导致很多宿根花卉生长不良甚至难以存活。往往花境最佳的效果集中在 3 月初至 5 月中旬，进入 6 月后大部分花境的景观效果都会下降。

所以，在江淮乃至长江中下游地区，科学的品种选择成为花境成败的第一要素。要尽量选用本地化植物，对于选择引进的植物，一定要经过足够长的驯化和筛选周期。另外，对于小气候的差异要有足够的认知，充分地实验，在本地化与观赏效果两者之间寻求最佳平衡。

2.3.1 适地适树、适地适花

在重庆、成都等地能露地过冬的黄金菊（甚至在上海、杭州局部地区也可以露地越冬），在南京、合肥却很难成功。经过反复实践和观察，导致其露地越冬困难的主要因素就是冬季的最低温度。

因为在花境中使用效果非常好，笔者曾经试图使三角梅在南京地区露地宿根越冬，虽然采取了覆土、草绳包裹、塑料薄膜包裹等诸多方法，最终都以失败告终。还有观赏

和水体净化能力很强的水生植物大薸、凤眼莲、槐叶萍等，想保护性露地水域越冬留种，多次实验都没有成功，还是需要每年从南方或者具有高温温室的繁育苗圃引种。

近年，厄尔尼诺现象和拉尼娜现象频繁出现，全球气候变暖表面上是给全国各地冬季植物越冬带来了大好机遇，实际上偶尔回马枪式的极端冷冻又给刚刚适应了暖冬的植物带来灭顶之灾。2020年前后的冬季，连常年丝毫不受冻害的散生竹子都受冻严重。夹竹桃、金叶女贞、红叶石楠、紫叶小檗、四季桂等都出现明显冻害。原来生长良好的美国薄荷、喇叭水仙也因为冻害而生长不良，甚至大面积死亡。

所以，植物使用上首选本土植物，其次是经多年驯化，已经能够在露天安全越冬的植物，最后才是根据纬度相似性原则引进的新品种。新品种选用，一定要遵守植物引种、推广原则，不能急功近利。

笔者曾经在南京地区试验引种的大王棕、加拉利海枣、三角梅、朱槿、染料木等，都因为非本土植物品种，其难以适应南京地区气候，最终在露地栽培中存活很少甚至销声匿迹。

还有20世纪南京大批量引进种植的杜英、乐昌含笑、金合欢、天竺桂、蚊母树、蓝羊茅草、勋章菊等所谓新优植物，就因不适应本地冬季寒冷冻害、夏季高温高湿引发了严重病虫害而遭遇了巨大的挫折。

2.3.2 花境内部植物竞争

共同配植在同一个花境群落中的一些竞争力弱或者植株矮小型的宿根花卉植物，很容易被竞争力强盛的其他植物淘汰掉。混合花境中这种现象非常明显，即便分割片区栽植也依然会出现恶性竞争。比如我们在花境中用于勾边的石竹科石头花属满天星，因为植株竞争力过弱，很快就灭失了；类似消失的植物还有曾经用于花境中的白晶菊、大滨菊、琉璃苣、矢车菊、蓝亚麻、花菱草等。

相对地，我们曾经引进栽植的本地野生品种臭牡丹，还有各种蜀葵、金鸡菊、硫华菊、紫茉莉，因具有很强的侵略性，很快将和其建植在一起的其他宿根植物挤压得难以生存，逐渐变成了单一花卉品种的花境。

常见竞争力比较强的植物还有桂圆木、火星花、迷迭香、六道木、箬竹、蔷薇，甚至八仙花、紫苏等都具有很强的蔓延侵略性，形成种间恶性竞争。一枝黄花、地笋、三叶鬼针草等就更不用说了。

花境植物选择，种间竞争成为最难以协调的问题之一，需要高度重视，综合考虑小气候营造、品种选择、种植密度、人工干预等措施以应对。

2.3.3 苗木的供应（育种和移栽）成为制约花境的前提

实际操作中的难点之一是设计者不了解花卉植物材料的品种和性状，还有产地气候等信息，很难确保设计意图得以可靠实现。所以，设计建造的前提之一就是花卉植物苗木供应的支撑。

随着交通物流水平的迅速提升，跨区域调苗已经不是什么难题，但是跨区域驯化成功却永远是难题。从不同气候环境区域运输来的成品花卉植物，栽种在本地花境中，实现一时的景观靓丽不难，但要长久存续，保持良好效果和状态却很难。比如来自浙江的琼花苗和扬州的琼花苗在南京同样的花境中栽植，后续表现会很不一样。

跨区域引种、迁地保护稀有植物不难，但是，形成一个区域的主打、适应性品种却是很难的，需要足够的选育和驯化时间，圃地条件、技术人员水平等必须跟得上。

此外，还需注意同一种植物在不同的年份会有不同的表现，同一年份，不同品种植物也会有不同的表现，比如2017年，南京地区夏季雨水多达常年一倍以上，结果四季桂的开花极佳，连马缨丹（五色梅）都出现花期长，花色美的超常表现。然而，其他年份，这两种植物却生长一般，甚至不怎么开花。所以，不能以某一两年的表现就给花卉植物下定论，要确定一个花卉植物品种是否适应本地气候环境，应根据其多年连续的性状表现做出判断。

2.4 花境土壤

花境最终效果的呈现，植物选择是前提，后期养护是关键，而土壤是影响养护管理难易程度的关键。

如果是利用栽植地原有土壤建植花境，则需要土壤尽量深厚、健康，理化性质优良。

如果是使用客土建植，则要求回填的土壤深厚肥沃，密实度透气适中，保水保肥。有乔木配植的花境，土壤厚度应不低于1.5米，只配植有灌木、球根、宿根和一两年生草本花卉的花境，土壤厚度不低于0.8米。设置包含水域的花境，配植沉水植物或湿生植物，其水下土壤厚度不低于0.15米。（其中水域水位高低，应根据水生植物生理需求另行确定）

随着城市建设的快速推进，以及现代化、智慧化设施的更新和提升，景观绿地内遍布各种市政管网、箱涵、线缆和操作设施，几乎所有园林绿化都是被动地"安插"在钢筋水泥的缝隙中的。立地空间条件有限，光照、温度、湿度环境恶劣，且植物根系赖以生存的土壤条件，亦是惨不忍睹——房屋建设、道路建设、市政附属设施建设的很多建

筑垃圾和碱性残渣直接倾倒、暗埋在绿化土壤中，有时连生命力顽强的草坪植物都难以成活，何况其他花卉植物。

总体来说，城市建设中，园林景观既是最后、最出彩的工序，也是最弱势的工程类别，受到房屋、道路修建等工程的制约和冲击非常大，大部分城市中土壤的条件很差。而在城市中建植花境都是为了美化环境，这就要求花境花开绚丽、色彩缤纷、生机勃勃。这样的花境，一般都需要客土回填种植，尽量在有限的空间内为花境植物创造出良好的地下、地上环境，尤其是要有优质的土壤条件。

2.4.1 土壤成分

一般来说，土壤杂质含量不能太多，有害杂质必须剔除。但是，笔者有一个特殊经验：江淮雨季土壤积水是导致白玉兰和鹅掌楸、紫荆、棕榈等很多植物死亡或发生病害的最大隐患。在其栽植土壤中混有适量的瓦砾、块石等中性杂质，由于含中性杂质的土壤更有利于雨季爽水、排水，所以这些植物的生长会更加健康、苗壮。因此，在种植土中适量地混入沙砾、陈旧的瓦片碎砖石或者专用陶粒，往往对于调节土壤通气、透水性更加有利，有利于很多不耐积水花境植物的生长。

但是，杂质混配的比例不可过高，一般不超过土壤总容积的30%（一般栽培土壤质地要求之一是容重＜1，通气孔隙度＞15%）。

另外，土壤中有机质含量影响其团粒结构、保水保肥性，也影响酸碱度等理化性质以及病虫害的滋生和传播的难易程度。作为花境建植时客土，土壤中适中的有机质含量是保证后期花境效果的重要因素。

2.4.2 土壤酸碱度

在前一章中已经就土壤酸碱度对花境植物影响作了理论分析，在花境建造实际工作中，对土壤酸碱度要有更直观可行的认知，要熟悉不同土壤酸碱度所表现出来的特征，如黑褐色、红色且疏松的土壤多为偏酸性，而黏重、发白的土壤多偏碱性。虽然花卉植物大多数对于土壤酸碱度并不太敏感，但是也需尽量避免土壤过酸或过碱。类似于杜鹃、山茶、柽柳、蕨类等对土壤酸碱度敏感植物使用时要特别关注土壤酸碱度，否则植物难以正常生长。

在熟悉掌握土壤酸碱度和植物对酸碱度的喜好的基础上，再科学、合理地选择使用不同花卉植物，或者改良土壤理化性质、回填客土，以及在后期的养护管理中特别针对性地补充酸碱肥料、减少或增加浇水等，才能最终实现美丽且持久的花境景观。

2.4.3 土壤酸碱性的鉴别技巧

与大规模的园林景观建设不同，对小尺度空间的花境建造而言，除非特殊原因必须作栽培土壤理化性质测定，一般不必专门进行土壤检验。但为了保证土壤质地能满足栽植要求，尤其是酸碱性符合要求，在设计建造花境前，必须踏勘栽植地土壤酸碱度等情况。我们可以充分利用外观色泽、手感硬度、野生植物生长状态以及简易手持仪器设备等措施，简单易得地获取相关结果。

2.4.3.1 质地与手感

用锹械等工具选择栽植地的几个代表点进行深翻，如果是优良腐殖土，则多比较疏松易挖，拍打易碎，肉眼可见有机质混杂。如：松针腐殖土，草炭腐殖土等。

用手搓揉，酸性土壤握在手中有一种"松软"的感觉，不粘手，松手以后，土壤容易散开，不易结块；碱性土壤握在手中有一种"硬实"的感觉，松手以后容易结块而不散开。

2.4.3.2 色泽

肉眼观察，酸性土壤一般颜色较深，多为黑褐色，而碱性土壤颜色多呈白、黄等浅色。有些盐碱地区，土表经常有一层白粉状的碱性物质。

2.4.3.3 地表植物

选择花境种植客土时，可以观察一下原地表自然生长的植物，一般生长野杜鹃、松树、杉类植物的土壤多为酸性土；而生长柽柳、谷子、高粱、狗尾草等植物的土多为碱性土。

2.4.3.4 泡（浇）水

酸性土壤浇水以后下渗较快，不冒白泡，水面较浑；碱性土壤浇水后，下渗较慢，水面冒白泡，起白沫。

2.4.3.5 用 pH 试纸或 EC 计检测

土壤中无机盐分含量高低，可以用土壤 EC 值来衡量。EC 值过高，土壤中可溶性盐含量过高，可能会形成反渗透压，对植株体造成腌渍效果，将植物根系中的水分反渐出来，使根尖变褐或者干枯——生理性干枯、缺水。

土壤对花卉植物生长的作用机理是非常复杂的，如果是客土，没有足够的厚度和良好的理化性质，很难满足花卉植物的持续生长，也就无法实现园林花境景观的设计效果。

总之，土壤是制约花境景观效果的最重要因素之一，再综合光照、温度和湿度等其他几个因素，基本上就决定了花境花卉植物后期的生长和品质。

第四章　花境植物配植

简单而言，花境植物的配植需要兼顾植物生理需要、环境条件以及审美需求，尤其是从观赏者的角度进行规划设计和建造。同时，还需从管理者的角度精心选材、精细施工和科学养护。最终，通过花卉植物的自然之美实现设计者的设计意图，与环境以及人形成良性互动，展现审美意趣，成为美好景观环境的一部分。

1　花境植物配植原则

花境花卉植物配置原则第一条应该是符合植物的生理特性，第二条是与栽植环境和谐共存。这两条原则也是有内在联系的，属于一体两面。

花境植物配植原则除了要符合植物生理和环境背景外，还应与设计主题、人文文化甚至施工、维护能力相匹配。

可以说，脱离花卉植物生理特性和环境条件分析情况下的花境设计是"空中楼阁"，很多理论和案例中将各种"奇花异卉"堆砌着介绍给从业者，很容易误导从业者。

有很多采集自全国各地甚至世界各地的花境"成功案例"，在分析经验时缺少气候条件、人文条件等背景环境要素分析，也多半是难以落到实处的"书本知识"。

有些博览会、花卉节、技能比赛上的优秀花境案例与实际使用中的花境也相差甚远，不能盲目地照搬照抄。主要是因为一次性展示的不计代价、样品式精品的投入与长期存续所能支撑的投入完全不同，某一短暂时段和连续四季花卉植物的表现完全不同，高强度的维护和常规养护结果的完全不同等。

1.1 此"自然"非彼"自然"——配植意境

严格意义上的现代花境，起源于欧洲而非号称"世界园林之母"的中国，笔者认为这与花境的自然属性、近代中国历史以及中国古典园林的艺术和建植特点等有关。（相

关历史渊源在本书第一章中有详细论述）

中国古典园林重在文人意境或者皇家气派的表达，尤其是文人意境讲求借物言志，具有气节高雅、志向宏大的寓意，园林中包含了众彩纷呈的古建雕刻、楹联、书法、绘画等传统中国文化艺术的形式，而花草树木方面，贵精不贵多，贵雅不贵浓。植物品类蕴含类似"花中四君子梅兰竹菊""岁寒三友松竹梅""牡丹花开富贵"等人格寓意、文化符号，类似荷花、牡丹、兰花、桂花等植物都有丰富的寓意。

可以说，在中国园林中，植物已经不仅仅是植物，而更是园林主人表达人生志趣、喜好和寓意的工具。虽然也是追求自然风格，但是，与花境的自然风格不同，中国古典园林的自然风格完全是"人工的自然"，"意境的自然"，这就使得中国园林中植物配置更加抽象，这与花境艺术所追求的自然——"原始的自然"手法完全不同。

所以，中国古典园林中类似现代花境的园林艺术风格极少。

以著名的苏州古典园林为例，每个园子中植物的种类都不多，有的只有十几种，多的也不过几十种。

以号称中国园林第一，向以"林木绝胜"著称的拙政园为例，早期王氏（明朝御史王献臣）拙政园里三十一景中有三分之二取自植物题材，如桃花沜（音 pàn，古同"畔"，岸边）、竹涧、瑶圃（梅花）、杨梅隩（音 yù，河岸弯曲的地方）、紫藤坞、杏花涧、玉兰堂等。荷花、山茶和杜鹃是拙政园三大特色花卉，还有桂花、垂柳、木芙蓉、松、柏、枇杷、山楂、桔、芭蕉、木瓜海棠、月季等，总共不到三十种，且总体以绿为主，以花为辅。花卉植物布局繁而不乱，不以品类繁多、花色奇异为胜，而以人文寓意、水墨色彩、人工造型和构图意境为佳。

再看同属苏州四大名园之一的留园，"园林中水为血脉，山为筋骨，草木为毛发，发华而精神。"留园中"闻木樨香轩"是以桂花为代表的核心植物景点，"古木交柯"景点曾有柏树与女贞交柯连理自成一景，还有南天竹、山茶、竹，以及桃、李、杏、梅、葡萄、青枫、银杏等，人文花木与亭廊轩榭、清流奇石共同造就百年名园，但是，所种植的花卉植物也只有区区十几种，更是贵精而不贵多，少有宿根花卉。然而，每一种植物都是经过园主人精挑细选，甚至反复修剪造型的。

中国古典园林中，即便是皇家园林，比如，故宫的乾隆花园（宁寿宫花园），也没有太多的植物品种，包括花卉植物。当然，资料记载的有些皇家园林里专门收集采集于各地的奇花异草，形成"花卉大观园"，自然品种繁多，但是却并没有多少艺术设计和模仿自然的意趣，只是植物博览、大观园式的栽植，也不能算是现代花境艺术形式。

宋代文豪欧阳修在《醉翁亭记》中用"野芳发而幽香，佳木秀而繁阴"描摹滁州琅琊山中景色，是一种令人向往的自然山林的景观，而花境的"初心"恰恰就是要达到这

样野趣的、自然的艺术效果。这种意境与现代花境倒是有一些契合。

假设我们在中国古典式园林风格的造园中过多地使用花境的手法，很可能会造成古今杂糅，甚至还有破坏古典文化氛围的风险。

比如2022年春季发生在杭州西湖风景区的"断桥垂柳"被部分替换成月季花事件，就引起了轩然大波，给景区甚至整个城市都带来了意想不到的负面影响。这是因为管理者没有理解和重视中国古典园林中植物的特殊性。传统园林植物大多固化、附着了深厚的文化情感，成了文化符号的一种，即便生长不良，必须替换或更新，也只能用原品种，外形要尽量接近古意。

1.2 花境花卉植物配植时需协调的关系

1.2.1 外观协调

要考虑到株高、株型、叶型和叶色协调；必要的乔木、灌木、地被、草坪甚至藤本组合协调；水生和湿生、旱生常有兼顾。

花境选用的乔木株型不仅要有独立观赏性，而且需要与花境花卉群落有一定的呼应，比如用罗汉松、五针松、棕榈、蓝冰柏、枇杷、杨梅、花叶杞柳、红枫、鸡爪槭、苏铁等乔木、花灌木作花境的竖向背景时，应选择株型匀称、饱满，株高不能太高的植株。另外，冠型要中正，特殊设计要求的悬崖式、迎宾式，则需与花境其他植物呼应，创造出整体和谐的效果。

藤本植物用于花境，多半要附着在背景墙上，形成自然绿色背景，或者花篱效果，衬托出花境的花团锦簇、热闹非凡效果。常见的如藤本月季、丰花蔷薇、风车茉莉、茑萝、金樱子、飘香藤、铁线莲等。

笔者在栽培实践中，曾利用金银花具有的缠绕性，经过人工编织，单株或者数株金银花自成花球，冬季常绿，春夏花香扑鼻，配植于花境的中部或角落，能收到意想不到的效果。

花境中设置水系、水池，或者在水系边营造花境，选用各种水生植物，如轮叶黑藻、荇菜、鸢尾、花菖蒲、水葱、千屈菜、蘸草、芦苇等，可以大大丰富景观效果、景观层次的同时，也使花卉植物品种更加丰富多样，有利于群落的稳定性和保护生态。

1.2.2 生理特性协调

落叶与常绿、宿（球）根、自播、一年生花卉的配搭使用。冬季落叶与常绿搭配，休夏与不休夏植物的搭配，避免花境栽植地黄土裸露。

长江中下游地区，按照主要观赏季节，一年生到多年生花境花卉植物可以分为春、夏、秋、冬以及四季花期（江淮地区四季花期多半只能达到三季左右）等几类，在花境设计时可以根据需要，科学选择和合理搭配，以获得花开不断，生态稳定的花境效果。

1.2.3 植物内外部协调

花境景观之美，是个体美与群体美的综合，几种、几十种甚至上百种花卉植物异彩纷呈，需要互相配合，共同展现花色、花型、株型、叶型、绿色边际线等的美丽与和谐。同时，单一品种的花海，是一种纯色之美，另当别论。

在园林景观类型中，花境所呈现的自然之美，最贴近植物之根本，所以，建造和管理过程中原则上应不采取人工干预，比如修剪、绑扎、矮化等。即便人工干预，也要做到不露痕迹。花境之所以能够深得人心，就在其所体现出来的回归自然、崇尚自然的特点。

几乎所有的露地花卉都能作为花境的材料，但以多年生的宿根、球根花卉为宜。因为这些花卉能多年生长，适应性强，不需要经常更换，养护起来比较简单甚至可以不用养护，还能使花卉的特色发挥得更充分。

花境在以多年生花卉为主的同时，还可以适当使用一些一年生草花作为搭配，增添色彩，弥补夏季、冬季球根和宿根植物休眠带来的空缺。

有些温室植物，结合驯化和必要的保护设施，也被试探性地运用到花境中。如在江淮地带，**加拿利海枣**、**大王棕**等，经过多年的驯化和保护栽培，在一些小环境中已经能够很好地在露地过冬，成为塑造异域风情花境的代表植物。

花境的构成材料除了以花卉植物为主体之外，还有装饰材料，包括花坛、花缸、花器、竹材木材石材金属材料等配置件或者辅助件。

花境中还可以配置一些特色的观赏石、景观小品、雕塑、摆件，竹（木）亭、竹（木）篱笆、组合盆栽等，形式自由而丰富，手法可灵活多样，只要与花卉植物生长不冲突，视觉上互相协调，最好能进一步凸显主题，就可以尽情发挥设计者的想象空间，达到意想不到的花境艺术效果。

另外，花境多以花卉植物为主要材料，景观竖向高度一般不高。因为欣赏的主要焦点是花朵的鲜艳形状、色彩和植株的美好形态等，即便涉及株丛、组团、群落和整体线形之美，其景观空间尺度也不会太大（花海、花带等特殊花境的大尺度花境除外）。而背景环境一般平面尺度、竖向高度都较大，为了达到视觉上的协调，花境设计和建造时多会以树丛、绿篱、景墙、景观或市政设施以及其他建筑物等作为一体化背景，来对比、延伸、融合视觉效果，形成总体协调一致的园林景观。从景观生态学角度看，花境其实与乔木、草坪甚至建筑、水体等之间有着不可分割的关系，共同生长相互关联，在景观乔灌草系统结构类型中花境多半属于中层和下层。

花境设计最基础的工作是确定平面布局。平面要讲究构图完整，错落有致。配置在一起的各种花卉不仅彼此间色彩、姿态、体量、数量等应协调，而且相邻花卉的生长强弱、繁衍速度也应大体相近，植株之间能共生而不能互相排斥。

根据总体设计布局，花境植物的栽植方式多以自然式为主，各种花卉植物独立成组群，组团面积有大有小，但不宜过于琐碎、杂乱，不同品种的组群之间边界互相交错、进退糅合，甚至混杂——以人工的方式模仿自然的天然状态，尽力做到"虽由人作，宛自天开"，让观者欣赏到植物自身的自然美以及群体交错融合的和谐美。

花境设计中花卉植物选材讲求品种多样、配置丰富，既是为了丰富观赏内容，增加花色和花型等，也是为了延长整个花境的开花期、观赏期，同时更是无形中契合自然界物种多样性、生态稳定性的规律。

2 花境分类

2.1 宏观分类

按照花境所处的环境背景特点，可将花境分为林缘花境、路缘花境、隔离带花境、岩石花境、滨水花境、湿地花境、庭园花境和草坪花境等。

此种分类方式最为直观，容易理解。而且，在花境设计建造时按这种分类方式也容易从植物生理、生态上作对应的选择。

路缘花境

林缘花境

2.2 植物特色分类

按照花境花卉植物材料组成的不同，又可以分为草本花境、木本花境、混合花境、观赏草花境、针叶树花境、灌木花境、野花花境、多肉花境、岩生花境、水景（生）花境、湿生花境（雨水花园）、特殊专类花境等。

随着校园劳动课的强化，校园、社区兴起的可食农（花）境、科普花境、研学花圃等实践场所和形式，都可以以花境形式呈现，这也大大丰富花境的形式和内容，使花境植物配置形式更广泛地应用到市民生活周边。

因为花卉植物材料不同，所呈现的花境艺术风格迥异，从而适合不同的艺术表达和园林景观需求，为设计者和观赏者提供更多的选择。

各种专类花境，都具有鲜明的特色，视觉冲击力很强。现以深受人们喜爱的观赏草花境和混合花境为例作专类花境优缺点分析。

科普花境   可食花境

2.2.1 观赏草花境

观赏草花境多以同类（如同一科植物）或不同类的观赏草组合配植，形成类似自然草甸、草原、湿地草滩风格的花境景观。或者设计成以观赏草为主，与其他花境植物混合组成的丰富复杂的花境景观。

草类是品种最为丰富的植物类型，经过园艺、农林、水利和畜牧业从业者长期选育、积累，目前发现可供观赏的草品种极其丰富，形态差别很大，株形各异，分布广泛而复杂。观赏草大多适应性很强，有些观赏草的花也具有极强的观赏性。很多观赏草的叶色变化也是花境观赏点之一。

花境所用的观赏草一般叶片修长柔软，姿态潇洒飘逸。叶型丰富的同时，叶色也包含各种变化，季相丰富。

混合或专类观赏草花境，更能凸显出自然野趣的景观效果。

随着花境用材的不断探索和拓宽，观赏草在花境中的运用越来越广泛，新品种不断出现，本土品种开发也是卓有成效。目前比较流行的观赏草有金叶苔草、花叶燕麦草、小盼草、蒲苇、金叶芒、细叶芒、矢羽芒、血草、狼尾草、拂子茅、蓝羊茅、芒、花叶芦竹等。

中分带花境

观赏草色系丰富，红色系有血草、紫叶狼尾草。橙色系有橘红苔草、新西兰亚麻。黄色系有斑叶芒、花叶芒。绿色系有细茎针茅、小兔子狼尾草。蓝色系有蓝羊茅、蓝冰麦等。观赏草无论是单株的形态优美，还是整体的色彩丰富，多视角多层面都具有很高的观赏价值，所以是花境植物中难得的"宝贝"。

总之，观赏草花境品种新颖独特，很多新品种让人眼前一亮，尤其是线型叶片的柔美飘逸和彩色花絮的如梦如幻，超乎一般花卉的效果，而且，观赏草不仅适应能力强，繁殖简单，而且养护管理相对容易，所以，越来越受到环境设计者的青睐。比如，近些年，粉黛乱子草就火出圈，成为新网红，无数景点的流量代言。

观赏草中高大如芦竹、蒲苇，矮小如细叶针茅、金叶苔草，应用于花境中，可以使花境竖向高度差大大增加，更加有利于形成丰富、变化的花境立面景观效果。

观赏草类适应性强，生长快，所以观赏草花境建造成型快，维护成本低。

观赏草类多为宿根，一般常绿，可以播种、分株、茎播等，繁殖容易，成本低，更加实用，更加有利于花境的建植。

但是，从生态环境的稳定性和多样性角度看，单一品种花境只适合作点睛之用，可以配合周边其他复杂生态环境造景，却不适合大面积、过多地使用，否则易引起视觉疲劳，同时也容易导致生态脆弱、异常病虫害流行。

2.2.2 混合花境

常见成熟的混合花境，其设计手法多采用乔木、灌木作为整个花境的骨架及背景，花卉种植则以宿根花卉为主，添加球根花卉及一二年生花卉以延长花期，丰富花色，同时应用观赏草、色叶植物、攀缘植物甚至蔬菜瓜果等农艺观赏类型植物材料增加趣味性、实用性及观赏价值。

因为综合了其他花境诸多经验和长处，能够兼顾四季季相景观变化，不但效果较好，而且养护管理成本也低，所以混合花境是目前应用最为广泛的长效节约型花境类型。

但要注意的是我们不能简单地将混合花境理解为集大成式、大杂烩式花境种植方式，真正成功、成熟的混合式花境实际上是从植物群体生态和个体生理角度出发进行的科学搭配，经过设计尺度的放大，选材范围的拓宽，艺术手法的创新，宏观与微观视觉美学的统筹，近期和远期效果的兼顾，最终才形成视觉艺术和生态效能兼顾的实用型多植物材料花境。

设计和建造高品质的综合花境，难度并不低。

2.3 观赏面分类

观赏面分类是从观赏者视觉角度对花境进行的分类，根据花境可被观赏的面将其分为单面、多面、对应两面观花境三类。

按观赏面的不同对花境进行分类，有利于指导花境设计者抓住"以人为本"的关键，创作出更优美的花境景观。

2.3.1 单面观花境的特点

单面观花境多是以建筑物、围墙、树丛、绿篱、市政设施、临边洞口等为背景或被掩盖物、保护物为背景，花卉植物整体效果为前低后高，平面布局多为条带状，边缘可因地制宜地设计成直线或曲线状。

单面观花境平面布局常设置成条带状，主要是利用有限的进深空间创造出更多丰富变化、更加饱满的景观效果。

常规的单面观花境多设置于边角地块，

城市中心花坛花境

带状花境

花境与市政设施

为了实现对其他设施的美化或遮挡功能而设置，在满足"功能"的基础上实现"美"。

现实中单面观花境最为常见。

2.3.2 多面观花境的特点

公园花坛花境

多面观花境常独立成景，设置于公园绿地、草坪、道路、广场、院落中央。花卉植物布局整体效果呈中间高两侧或四周低的状态，以便观赏和管理，花境的外轮廓多为弧形、条带形、椭圆形甚至是其他多边形。

多面观花境设计建造中花卉植物选择应更注重单株观赏性、主景植物的竖向高度较高和形态美等，在尺度上也必须考虑多面观赏的要求，尤其是竖向高差不能太小。

多面观花境的养护管理要求也更高，花卉植物不能"半边脸""脱脚"，花朵花色应该更鲜艳。

2.3.3 对应两面观花境的特点

水岸花境

对应两面观花境一般设置于道路或者沟渠水系两侧，形成左右两个相对的花境，两个花境可以完全对称或基本对称，不宜差别太大——也有故意设计成完全相反的效果的。

水景（生）花境中，沿岸的水生植物配置就可以形成对应两面观花境效果，加上水中的倒影，使得艺术效果更为奇特、丰富。

对应两面观花境属于比较特殊的花境设计构图方式，能够产生深远感，整体园林景观中通常会结合对应两面观花境在视觉焦点处设置孤立树、雕塑、喷泉、花盆等小品。

对应两面观花境设计艺术取法建筑和小品的布局艺术，也往往与规整式园林绿地相配套，艺术效果相得益彰，互相衬托。花境植物选择更应该注意整体统一，花期整齐，花色纯净。且植株耐修剪，易造型等，花卉植物品种不宜过于复杂。

2.3.4 其他观赏视角花境特点

实际上，影响观赏效果的观赏面除了以上三个类型以外还有俯视观花境、仰视观花境和岛头花境、儿童花境等几种特殊花境类型。

2.3.4.1 俯视观花境

建植于低洼地带、下沉式广场或者高楼楼群下地面上的花境，就属于此类型，在设计上要更加注重平面造型和颜色的搭配，通过构图的几何美打动观者，通过色彩的明丽、和谐吸引人。

法国巴黎街头花境

2.3.4.2 仰视观花境

建植于花台、山坡、岸坡、台地等上的花境多属于此类型，设计时更关注竖向高差的协调美，植物可选择垂挂、攀爬植物以及大花、芳香花卉植物，使观赏者更容易近距离欣赏到花卉的细节美和芳香气息。

2.3.4.3 岛头花境

主要处于交通岛的起始或末端，花境视觉艺术效果首先要服从于交通安全需要，花境完成态的高度、长度、色彩等须结合交通设计规范设计，考虑驾驶人员视觉和心理要素，不得太高，太耀眼等，并且后期养护管理需要专门的规范，以满足

岛头花境

交通安全需求。艺术性上要求更加色彩协调、清新，讲求韵律美，能使观赏者精神放松、心情愉悦。

2.3.4.4 儿童花境

主要用于幼儿园、学校等区域景观中，设计时需要根据儿童、青少年的心理、行为和视角特点进行设计和建造，尺度和安全性是首要考虑的要素，其次就是科普性，可以丰富多彩，奇花异果，知识性、故事性、文化性兼顾。艺术设计上，色彩要鲜艳、跳跃，外观活泼、新奇，方便观赏和接近。

校园花境

展览花境

③ 植物配植实践

花境植物配植需对植物生理、气候类型以及栽植地宏观气候环境、微观气候环境，以及人为因素等都有充足的了解，而后综合考量，因地制宜。

3.1 巧用各类植物

花境设计建造所选择的花卉植物可以灵活多变，包括宿根、球根、地被和一两年生植物，甚至可以包括一些乔木、花灌木、藤本类等。其中宿根、球根类为主，如：鸢尾、各种萱草、芍药、玉簪、耧斗菜、荷包牡丹、蓍草、各种宿根菊花、百合、石蒜、大丽菊、水仙、郁金香、唐菖蒲、葱兰、韭兰、美人蕉、风信子等。

除此之外，具有一定自播能力的植物有时也可以用在花境中，比如百日草、孔雀草、金鸡菊、硫华菊、诸葛菜、凤仙花、紫茉莉等。需要注意的是，通过自播植物来年要想达到观赏效果，土壤条件、配置的其他花卉植物竞争性等条件必须符合一定的要求，且养护管理措施须有恰当的配合。

有水景设计的复合花境中也可以使用水生植物，比如千屈菜、美人蕉、菖蒲、马蔺、雨久花、射干、鸢尾、芦苇、香蒲草等，可极大地丰富花境景观效果。水景（生）花境中，将湿生植物当成水生植物栽培的也很多，比如这几年比较时尚的水净化工程中用的浮床栽植，浮岛上就用了很多旱生植物，如美人蕉、千屈菜、鸢尾、菖蒲、杞柳等。

花境中也常用乔木、花灌木类，如木槿、紫荆、榆叶梅、香港四照花、紫丁香、糯米条、连翘、大花六道木、迎春、紫叶小檗等。

乔灌木栽植难度不同于宿根、球根，为了尽快成型和提高栽植的成活率，一般会使用容器苗、穴盘苗等。

花境设计建造，有时候并非所有植物材料都是新栽种，而是巧借场地中已有的高大乔灌木植物形成花境的一部分，通过修剪、附着等措施，使平面、立面的外观融合，巧妙地将其纳入花境的观赏效果中来，成为景观的“龙头”和“点睛”之笔。

这与古典园林的“借景”手法相通，值得在小中见大的花境景观中活学活用。

3.2 通用配植技巧

在花境设计中，从观赏效果角度考虑选择主材、辅材所需的各种宿根、地被花卉植物时，首先要主题明确，确定是要突出繁花型、纯色型、独特品种型、叶色丰富多彩型、线形优美型中的哪一个特色类型。

如想建植繁花型花境，应首选各类大花花卉植物进行配植，比如各种蜀葵、锦葵、园艺八仙花、大花葱、向日葵、牡丹、芍药、毛茛、大花飞燕草，以及各种观赏菊花如金鸡菊、天人菊、黑心菊、松果菊、硫华菊等，还可将萱草、鸢尾、石蒜、菖蒲配植进去，最终形成五彩纷繁，绚烂夺目的花境景观，花期长，花色耀眼，一旦花开，此处花境一定会成为观赏焦点。

如要建植耐阴型花境，则将大吴风草、白及、葱兰、麦冬、沿阶草，以及各种耐阴蕨类等适当配植，辅以各种耐阴的常春藤、蔓长春花、虎耳草、天胡荽、合果芋（又名白蝴蝶，不耐冬季低温），甚至种植苔藓作地表覆盖物，凸显一种幽静和清雅的景观意境。

如果设计建造纯色花境——用类似花海的手法凸显色彩纯净和块面壮观，衬托背景环境，则可以将粉黛乱子草、各种鼠尾草、柳叶马鞭草、绣线菊、迷迭香、喜林草、丛生福禄考、紫叶酢浆草、诸葛菜、白色的石碱花、各类观赏草单一或成片地种植，结合地形起伏和观赏路径设置，形成特色鲜明的纯色花境景观。

如果设计主题花坛花境，可种植木香作背景，月季、牡丹、薄荷等当前景，抬高种植基础，使得花朵开放时恰巧与人的鼻子、眼睛一样高，可以零距离地将花卉植物的细节美、微观美呈现给观众。通过零距离接触和观赏获得别样的乐趣。

如设计一些香花植物为主材的香花特色花境，如海桐、栀子、含笑、薄荷、荆芥、九里香、牛至、藿香、结香、紫茉莉、浓香茉莉、郁香忍冬、黄金香柳、清香木、金线蒲（包括银边金线蒲）等，可以用花色协调与对比的方式配植，形成最佳视觉效果的同时也能获得嗅觉享受，体验另一种美好，带来园艺健康——潜移默化的园艺治疗花境。

花境花卉材料选择和配植时还需注意常见和罕见品种的互相搭配，给人以新鲜体验感。

然而，花境植物选材，一个值得注意的问题就是不能一味地追求新、奇、特，而忘却本土品种资源的挖掘、选育、驯化和推广，本土植物的使用可以大大提高花境生态环境稳定性。比如南京地区本土常用的月季、紫茉莉、凤仙花、薄荷、一叶兰、紫苏、薄荷、石蒜、老鸦瓣、韩信草、野牡丹等花卉，具有极大的花境使用空间和生态价值。

长江中下游一带自古就有以野菜为家常蔬菜的习惯，其中蒌蒿（*Artemisia selengensis* Turcz. ex Bess.，菊科蒿属多年生草本植物，植株具清香气味，有匍匐地下茎，茎叶嫩时可食用）、菊花脑（*Chrysanthemum indicum* L.，即野菊，菊科菊属多年生草本植物，高可达 1 米，有地下长或短匍匐茎，嫩叶可食用，俗称菊花脑）、水芹菜（*Oenanthe javanica* (Bl.) DC.，伞形科水芹属多年生草本植物，茎直立或基部匍匐，茎叶可食用）、马兰头（*Aster indicus* L.，即马兰，菊科马兰属多年生草本植物，根状茎有匍枝，夏秋开蓝色花，耐水耐阴，幼茎叶可食用）、枸杞头（*Lycium chinense* Miller.，即枸杞，茄科枸杞属的多分枝灌木植物，栽培时可达 2 米多，国内外均有分布。枸杞是一种耐干旱、耐贫瘠、耐盐碱的多年生灌木经济作物。野生能力强，管护简单，红果可赏可食用药用，嫩叶可食用，南京方言叫公鸡头。）、母鸡头（*Lotuscorniculatus* L.，豆科苜蓿属植物的通称，原产于欧洲与美洲。多年生牧草和土壤改良草，也是一种优良的饲草资源。南京地区所食用的多为南苜蓿）、黄花苜蓿（*Medicago falcata* L.）、藠头（*Allium chinense* G.Don.，百合科葱属多年生鳞茎植物，野生，可食用，俗称小野葱）等耳熟能详的野生花卉植物，不但是很好的野菜资源，更是适应能力很强的地被植物，可以广泛应用于景观花境中，是庭院花境、可食花境的绝佳材料。夏秋季马兰的蓝色花、秋冬季野菊花的黄色花，以及蒌蒿等，都是提高环境品质的优秀花境植物品种。

实践证明，很多野菜在本地的适应能力、分生自播能力都是本土植物中最优秀的，生长迅速，病虫害极少，几乎不要养护。

还有，花境花卉材料使用时还要处理好尺度和品种之间关系，细微处见品质。

比如对于小尺度甚至微型花境，不宜用大花或者大植株花卉，如蜀葵、桂圆木、红千层、海滨木槿、圆锥八仙花、郁李、榆叶梅等都不适合使用，而石竹类、丛生福禄考、地被菊、萼距花等细小花和叶片的花卉植物适合选择。

大尺度的花境景观，包括花海，花圃等，除了科学合理利用原景观植被中的高大乔灌木作背景以外，可以在远景中配一些花灌木甚至小乔木，比如紫玉兰、蓝冰柏、花叶杞柳、地中海荚蒾、各类芦苇、芒草、贴梗海棠、金银花树藤、树状月季等。

花境植物材料选择，如何兼顾长远效果和短期效果，是设计时需要重点考虑的问题，尤其是对于需要长期养护管理的建设方，必须足够重视，不能重前期建设，轻后期管理。

3.3 扩大植物材料选择空间

花境设计建造中花卉植物品种选择上，除了首先考虑宿根、球根植物的花朵、植株颜色、形状、大小等要素外，还需综合考虑植株形态（株型、叶型）要素，以及花期先后和花期长短等特征，如郁金香花境中适当选择混搭花期比郁金香略早和稍迟的品种，可以延长整体郁金香特色花境的观赏期，避免早春郁金香没有出芽时绿地出现"黄土裸露"和观赏空白。有些地方在郁金香株丛间栽植三色堇、报春花等冬花植物，错位开花，避免花期断档。还有搭配风信子（*Hyacinthus orientalis* L.，风信子科、风信子属多年草本鳞茎球根类植物，花有香味）、欧洲水仙（*Narcissus pseudonarcissus* L.，别名黄水仙，石蒜科水仙属的植物，为多年生草本）、番红花（*Crocus sativus* L.，鸢尾科番红花属的多年生花卉，药用和香料用）等早春花卉，春季花朵次第开放，不但花型丰富，而且观赏期更长。

为了丰富花境效果和提高花境质量，我们需要不断拓宽花境植物材料选择空间，从材料供给上支撑花境发展。

在花境材料选择中，果实观赏性也是一个重要的元素，比如小乔木的罗汉松、鸡爪槭、枇杷（冬春季花香）、山楂、杨梅、水杨梅、橘子、法国冬青（常绿，秋冬红色果实）、石楠、椤木石楠等；花灌木类的贴梗海棠、北美海棠、石榴、樱花、茶梅、茶花等；矮灌木的南天竹、火棘、海桐、女贞、紫金牛、枸骨、无刺枸骨、金森女贞、紫珠、朱砂根（别名富贵籽，紫金牛科紫金牛属灌木，耐阴湿，果红色）等。

可用于花境的灌木类植物非常丰富：金叶女贞、紫叶女贞、紫叶小檗、金叶小檗、小叶女贞、银姬小蜡、南天竹、贴梗海棠（近似种有日本海棠）、狭叶十大功劳（近似种有阔叶十大功劳、湖北十大功劳）、八角金盘、绣线菊（有金山、火焰、李叶、菱叶等品种）、杜（春）鹃、夏鹃、臭牡丹、小叶栀子（水栀子）、六月雪、水蜡、珍珠梅、黄刺梅、连翘、金银木、龙柏、蜀桧、北京桧、翠蓝柏、香柏、铺地柏、矮紫薇、金丝桃、大叶黄杨、北海道黄杨、金边大叶黄杨、瓜子黄杨、龟甲冬青、茶梅、雀舌黄杨、溲疏、红花檵木、白花檵木、金叶莸、金叶假连翘、枳、染料木（即金雀花）、木蓝（*Indigofera tinctoria* L.inn 豆科木蓝属落叶灌木）、锦带、金钟花、迎春、云南黄馨、素馨、大花六道木、龟甲冬青、海桐、枸骨、石楠球、红叶石楠、棣棠、平枝枸子、扶芳藤、清香木、日本绣线菊、菊叶绣线菊、栀子、风箱果、地中海荚蒾、粉团荚蒾、绣球荚蒾、琼花、麦李、郁李、七里香、葡枝亮绿忍冬、亚菊、凤尾兰、丝兰、丁香、紫珠、紫薇、紫荆、榆叶梅、美人梅、紫叶矮樱、迎春、紫花醉鱼草、园艺八仙花、银边八仙花、雪球冰生溲疏、香桃木、伞房决明、三色金丝桃、浓香茉莉、花叶矮锦带、海滨木槿、醉鱼草、花叶杞柳等。

和草本、宿根花卉植物一样，灌木类花境植物各个气候带、地域类型也存在着显著的差别，设计选用时需要根据气候类型，尽量选择本土品种或者适合本地生存的品种，不能盲目引种和露地栽培使用。

花境植物花、叶、果、茎秆、卷须等都有可能成为观赏目标。比如向日葵，既是油料作物，也可以用于花海和花境，其挺拔的植株姿态、硕大的叶片、盘状花型都具有一定的观赏价值；接骨草（五福花科接骨木属高大草本或半灌木）具有中草药价值外也有一定的观赏价值，江淮地带自然野生，适应性强，适合作为花境背景植物使用。同样具有很高观赏价值的紫花牡荆（牡荆，马鞭草科牡荆属植物黄荆的变种，落叶灌木或小乔木）已经得到广泛使用，生性泼辣，秋冬季花朵艳丽，养护简单。

枝干具有观赏性的传统植物有枝条红色的红瑞木、枝条绿色的棣棠、枝条光滑的矮紫薇、春秋季枝、叶、花均嫩红色的山麻秆（大戟科山麻秆属落叶灌木）等。

用于花境的常绿色叶植物有红叶石楠、桃叶珊瑚、水果蓝、红花檵木、紫叶小檗（近似种有小檗、金叶小檗、长柱小檗）、洒金千头柏、金叶侧柏、银姬小蜡、花叶杞柳等。

一些藤本植物、攀缘植物也可以成为花境的观赏性素材，比如攀缘在栏杆、木栅等上的蔷薇、藤本月季、木香、黄刺玫、金樱子、忍冬、风车茉莉（夹竹桃科络石属）、茑萝、铁线莲、常春油麻藤等作为花境背景，衬托花境植物的同时，自身花和叶往往也是花境的观赏点之一。叶色深绿，可以匍匐也可以攀缘，耐贫瘠耐修剪适应性较强的小叶扶芳藤（*Euonymus fortunei* var. radicans.，小叶扶芳藤属卫矛科植物，常绿木质藤本，亦称蔓卫矛、爬行卫矛。其秋果橘红色假果皮，秋色叶暗红可赏）、千叶兰（*Muehlenbeckia complexa* Meisn.蓼科千叶兰属或竹节蓼属多年生常绿藤本）适应性很强，耐水耐寒耐阴耐贫瘠，茂密深绿叶片和线型茎都具有很高的观赏性，在亚洲很多国家被使用，既可以地栽，也可以花坛栽植或吊挂栽植，是花境难得的背景材料。

江淮地区常见野生且具有一定观赏价值的藤本还有：乌蔹莓［*Cayratia japonica* (*Thunb.*) Gagnep.，葡萄科乌蔹莓属野生极常见草质藤本］秋季蓝黑色果实、鸡屎藤（*Paederia foetida*，茜草科鸡屎藤属多年生野生草质藤本）秋冬季的黄色果实、杠板归（*Polygonum perfoliatum* L.，蓼科蓼属野生一年生草质藤本，耐水湿）的蓝色果实、盒子草（*Actinostemma tenerum* Griff.，葫芦科盒子草属野生柔弱草本植物，耐水湿）的盒子状果实、菝葜（*Smilax china* L.，百合科菝葜属多年生野生落叶藤本攀缘植物，具粗厚坚硬根状茎）的乌黑果实、木防己［*Cocculus orbiculatus* (L.) DC.，防己科木防己属野生多年生木质藤本］的黑色果实、蘡薁（*Vitis bryoniifolia* Bunge.，葡萄科葡萄属野生落叶藤本植物）紫黑色果实、五味子［*Schisandra chinensis* (Turcz.) Baill.，木兰科五味子属落叶木质藤本植物，其干燥成熟果实即中药材"五味子"，习称北五味子］秋天北方黑色球果和南方红色球果、马兜铃（*Aristolochia debilis* Sieb. et Zucc.，别名水马香果、蛇参果、三角草、秋木香罐，中文名因其成熟果实如挂于马颈下的响铃而得。马兜铃科马兜铃属多年生缠绕性草本）奇特的花朵、白英（*Solanum lyratum* Thunb.，茄科茄属一年生草质藤本）的夏花冬果、野豌豆（*Vicia sepium* L.，豆科野豌豆属多年生草本藤蔓植物）的紫蓝色花和豆角、野大豆（*Glycine soja* Sieb. et Zucc.，豆科大豆属一年生缠绕草本植物，长可达4米）的豆角等，都是很好的藤蔓观果素材。

还有，葡萄、蘡薁、乌蔹莓、南蛇藤（*Celastrus orbiculatus* Thunb.，卫矛科南蛇藤属落叶藤状灌木）的卷须；何首乌、千金藤的缠绕卷须；常春藤的耐阴性叶片；蔓长春花的紫蓝色花朵；活血丹的花朵和香气；萝藦［*Metaplexis japonica* (Thunb.) Makino，萝藦科萝藦属野生多年生草质藤本］的果实都有很特别的观赏性，可以巧妙地运用在设置了攀缘墙背景的花境中。

斑地锦（*Euphorbia maculata* L.，大戟科大戟属一年生草本植物，根纤细，茎匍匐）、天胡荽（*Hydrocotyle sibthorpioides* Lam.，伞形科天胡荽属多年生草本，有气味。茎细长而匍匐，平铺地上成片，节上生根）、过路黄（*Lysimachia christiniae* Hance.，报春花科多年生耐阴草本植物；还有金叶过路黄）、马蹄金（*Dichondra micrantha* Urban.，旋花科马蹄金属多年生匍匐草本）、佛甲草（*Sedum lineare* Thunb.，景天科多年生草本植物，花黄色，相似的还有垂盆草、费菜、八宝等）以及其他一些矮本、匍匐观赏草，都可以作为花境建植时的前景材料或彩叶的地被覆盖植物，代替草坪、白石子、有机覆盖物功能，

为花境增添意想不到的景观效果。

选择不同的植物素材会获得不同的花境效果，尤其是将本土特性明显的植物巧妙运用到花境中，展现其最佳的观赏性，是花境设计者较高的设计境界。

另外，从长期养护管理花境群落病虫害预防的角度考虑，品种选择和搭配上还要注意以下几点：

首先，尽量选用本土品种或者驯化完全的品种，尽量适地适苗，利用本地植物自有的生态稳定性，植株自有抗性和群体抗性，减少后期养护管理难度。

其次，尽量增加品种多样性，提升花境群落生态稳定。

最后，少用吸引害虫或者易染病的品种，多用抗性强，吸引益虫的品种，如花境中月季等蔷薇科植物栽种比例不宜太高；栽植密度要适当，不可密栽，且尽量混栽，建植时尽量选用盆栽苗。如狭叶十大功劳、紫叶小檗等需要栽植在通风条件良好，光照适中的环境中，否则白粉病和枯萎病将导致后期养护难以为继。

3.4 须谨慎使用的花卉植物

根据实践中总结的经验，因为花境多以开花植物为主，且一般没有围栏，便于观赏者和花境近距离接触，所以很多花卉植物在花境中使用时也需要特别注意，防止发生伤害或被"伤害"，以及其他次生伤害。

首先，气味不适型植物，如天竺葵、康乃馨、夜来香、孔雀草、大花矮牵牛、海桐球、结香、松、柏等植物的香味容易让人眩晕、恶心等不舒服，在成片栽植，距离人较近时需要注意。还有，紫花花境中用的比较多的紫娇花，其植株散发的臭味也是不容易让人接受的。

其次是果实具有观赏性的花卉植物，如樱花、石榴、紫叶李、海棠、橘子、老鸦柿、瑞香、龙葵、鼠李、蛇莓等在花境中使用时，其果实容易诱使好奇的游客采摘、食用，有可能带来伤害，既伤害游人，也伤害植物本身。在一些人群密集的区域，或儿童容易接近的范围，花境中凤尾兰、丝兰、枸骨、蔷薇等要慎用。

在花境栽植时，根据植物材料的特点，应做必要的隔离防护和警示、告示等。

还有一些恶性竞争的品种，甚至恶性杂草品种，需要格外小心，不可用于花境建植材料。出现野生植株时，需要及时铲除。如加拿大一枝黄花、豚草、葎草、三叶鬼针草、喜旱莲子草、酸模叶蓼等。

近年，因为气候原因和管理不到位等综合原因，香蒲草、芦苇等蔓延严重，导致小型景观水系退化问题爆发，湿地花境应尽量防范。络石、美国凌霄等攀缘植物也有过度蔓延之势，在花境中需注意防范。

4 江淮地区部分常见花境植物推荐

经过园林行业多年来的大量实践和长期积累，江淮地区适合用于花境的植物材料积累得较为丰富，无论在花型、花期、花色还是株型、叶形、叶色等形状表现都各有特色，其中以宿根、球根、草本为主，包括一些观赏草，而灌木、乔木为其次，品种相对较少，但是观赏价值却不可忽视，生态功能更是举足轻重。现分类列举，以供参考。

4.1 花期及特色分类

4.1.1 春季观赏的普通草本花境植物

报春花、三色堇、雏菊、郁金香、金鱼草、佛甲草、金盏菊、紫罗兰、香雪球、花毛茛、牡丹、芍药、中华石竹、须苞石竹、金鱼草、黄晶菊、白晶菊和筒蒿菊、一串红（一串紫）、早花月季、瓜叶菊、旱金莲、百里香、地被婆婆纳、大花天竺葵、荷包牡丹、菊花葵（矮本早花向日葵）、高雪轮（钟石竹）、矮雪轮（大蔓樱草）、大花矮牵牛、柳穿鱼、花烟草、矢车菊、勿忘我、诸葛菜（二月兰）、日本鸢尾（蝴蝶花、白花射干）、鸭跖草、夏枯草等。

注意，在有些地区、有些时段，很多品种需要保护地或保护设施越冬，有的品种需要每年更新。

4.1.2 夏季观赏的普通草本花境植物

孔雀草、夏堇、波斯菊、大花飞燕草、钓钟柳、毛地黄、羽扇豆、桔梗、百日草、大花半枝莲、矢车菊、美女樱、耧斗菜、花叶薄荷、美国薄荷、花菱草、黄花月见草、美丽月见草、日本小菊、非洲凤仙、锦葵、蜀葵、大丽菊、小丽菊、金光菊、翠菊、荷兰菊、万寿菊、银边翠、红花亚麻、紫花亚麻、地肤草、鸡冠花、落新妇、五色梅、宿根福禄考、雏叶蓊夏萝、凤仙花、蓝花鼠尾草、林荫鼠尾草、美人蕉、紫茉莉、夜来香、圆锥石头花、萱草类、蔓锦葵、大花马齿苋、柳叶马鞭草、紫叶酢浆草、葱兰、韭兰、大滨菊、虎耳草、白及、玉簪、紫萼、萼距花、马利筋、千花葵、麦秆菊、风铃草、铃兰、山桃草、矾根、金光菊、矮牵牛、千日红、假龙口花、晚香玉、麝香百合、卷丹。还有莲花、睡莲、荇菜、千屈菜、水葱、旱伞草、蕹草、菰、红蓼、大藻（大叶浮萍）、凤眼莲（水葫芦）、灯芯草、慈姑、再力花、雨久花、花菖蒲、鸢尾、射干、马蔺、黄菖蒲、唐菖蒲等各种湿生、水生花卉等。

4.1.3 秋季观赏的普通草本花境植物

可用于秋季观赏的植物品种最丰富，但需注意一年生与多年生的区别使用，很多一年生草本花卉都具有春秋两季开花的能力。

大花矮牵牛、翠芦莉、一串红（紫、白）、百日草、雁来红、鸡冠花、落新妇、吊钟柳、大花剪秋罗、碎花婆婆纳、墨西哥鼠尾草、蛇目菊、蛇鞭菊、火炬花、紫露草、火星花、凤仙花、万寿菊、野菊、银叶菊、早菊、荷兰菊、滨菊、麦秆菊、硫华菊、翠菊、日本小菊、大丽花、福禄考、半支莲、紫茉莉、槭葵、五彩苏、醉蝶花、朝雾草、藿香蓟、乌头，以及各种观赏草等。

4.1.4 冬季观赏的花境植物

注意，可露地越冬植物，很多需夏眠或秋播。

草本（含宿根、球根）有雏菊、三色堇、角堇、紫甜菜、羽衣甘蓝、报春花、金盏菊、水仙花、水飞蓟、银边翠、紫竹梅、大花金鸡菊、紫娇花、大吴风草、火炬花、蒲棒菊、石竹、万寿菊等。

可应用于花境本身或花境背景的冬季开花的乔木、灌木类花卉植物有山玉兰、蜡梅、山茶、茶梅、枇杷、早花春梅、早花月季、迎春花、朱砂根等。

结合设施栽培，可以应用于冬季至早春观花的草本植物有长寿花、丽格海棠、番红花、铃兰花、雪滴花、中国水仙、香雪兰、荷苞花、三角梅、虎刺梅、三色苋、松红梅、瑞香、凤梨花、瓜叶菊、龙胆花、雪片莲、耧斗菜、铁筷子、一品红、大花飞燕草（翠雀）、翠菊、蝴蝶兰、文心兰、大花蕙兰、蟹爪兰、仙客来、水仙花、君子兰、杜鹃、风信子、春兰等。

4.1.5 以花型花色见长的常见花境植物

大花矮牵牛、百日草、千日红、白晶菊、蓝目菊、蛇目菊、报春花、波斯菊、荷兰菊、蜡菊、雏菊、翠菊、麦秆菊、松果菊、黑心菊、东方罂粟、苏丹凤仙、花烟草、香彩雀、柳穿鱼、黄帝菊、藿香蓟、观赏薄荷、鸡冠花、金鱼草、金盏菊、毛地黄、美女樱、千日红、假龙头花、三色堇、三色苋、蓝花鼠尾草、朱唇、南非鼠尾草、四季秋海棠、风信子、葡萄风信子、天人菊、金鸡菊、金光菊、紫甜菜、万寿菊、夏堇、香雪球、新几内亚凤仙花、勋章菊、一串红、虞美人、羽扇豆、羽衣甘蓝、紫罗兰、紫茉莉、醉蝶花、瓜叶菊、孔雀草、向日葵、喜林草、花菱草、虎耳草、大花半边莲、非洲金盏菊、大花婆婆纳、彩叶草、长春花、长寿花、八宝景天、费菜、福禄考、荷兰紫菀、菊花、耧斗菜、篷蒿菊、非洲万寿菊、牡丹、芍药、石竹、天竺葵、五星花、火炬花、雄黄兰

（火星花）、溪荪、银叶菊、针叶福禄考、紫露草、勿忘我、紫竹梅、松叶景天、乌头、红花酢浆草、耆草、皇冠贝母、大丽花、风信子、花毛茛、彩色马蹄莲、水仙、郁金香、各种鸢尾类、紫叶酢浆草、六出花、葱兰、韭兰、朱顶红等。

4.1.6 其他宿根花境植物

欧亚活血丹、马利筋、藿香蓟、蒲棒菊、小叶牛至、矾根、细茎针茅、玉带草、丛生福禄考、常春藤、大叶过路黄、多花筋骨草、粉花筋骨草、堇菜、观赏紫苏、黄花月见草、佩兰、菲白竹、富贵草、花叶常春藤、花叶金钱蒲、花叶蔓长春花、花叶欧亚活血丹、花叶玉簪、吉祥草、扶芳藤、花叶麦冬、细叶沿阶草、金叶过路黄、金叶亮绿忍冬、大花六道木、金叶小檗、络石、蔓锦葵、绵毛水苏等。

4.2 江淮地区部分花境植物植物学分类

4.2.1 菊科

菊科（Asteraceae Bercht. & J. Presl），双子叶植物纲菊亚纲最大的一科。

一般认为菊科是植物界中与人类关系最为密切的一个科，也是景观花境中最常被使用的植物科之一。各种传统地被菊花、大丽花、勋章菊（怕热）、各种蓍草、金鸡菊、金光菊、黑心菊、天人菊、松果菊、蛇鞭菊、麦秆菊、百日草、万寿菊、波斯菊、孔雀草、大滨菊、白晶菊、黄晶菊、硫华菊、紫菀、荷兰菊、翠菊、矢车菊、茼蒿菊、银叶菊、蒲公英、藿香蓟，还有耐阴的大吴风草等，常见的有上百种，常用的有数十种之多。还有日本早小菊、五色菊、观赏紫菀、瓜叶菊、雏菊等设施栽培品种在花境中的使用也是非常广泛。

菊科植物植株有草本、亚灌木或灌木性状，在园林栽培中通过园艺嫁接，能实现塔菊、树状菊的乔木性状。菊科植物在花境材料使用中以其宿根、花色丰富为特点，品种极其丰富，涵盖了耐寒、耐热；喜光、耐阴；喜肥、耐贫瘠；喜水、喜旱各个类型。

4.2.2 石蒜科

石蒜科（Amaryllidaceae J. St.‑Hil.），单子叶植物纲、百合目下的一个重要科，多年生草本为主。叶多数基生，具鳞茎、根状茎或块茎。

石蒜科植物在花境中运用也特别广泛，花色艳丽、奇特见长，地下茎繁殖，适应性强，养护管理成本较低。比如石蒜属的石蒜、忽地笑、稻草石蒜、玫瑰石蒜、红蓝石蒜、中国石蒜、乳白石蒜、长筒石蒜、换锦花、陆葱、安徽石蒜、香石蒜等，水仙属的水仙、喇叭水仙（黄水仙、西洋水仙）、中国水仙，葱兰属的红花石蒜、葱兰、韭兰，文殊兰

属的文殊兰，雪滴花属的雪滴花（*Galanthus nivalis* L.）、雪片莲属的夏雪片莲（*Leucojum aestivum* L.）、百子莲属的百子莲，水鬼蕉属的水鬼蕉［*Hymenocallis littoralis* (Jacq.) Scalisb.］等，生长适应性很好，种球分生能力强，有的还能自播。

4.2.3 百合科

百合科（Liliaceae Juss.），单子叶植物类，种类繁多，广泛分布于世界各地，主要在温带与亚热带地区，遍布中国，且中国有很多特有、原生属种，如知母属、鹭鸶兰属、白穗花属等。主要的属有葱属、菝葜属、百合属、沿阶草属、黄精属、天门冬属、贝母属等。

百合属的各种常见百合以及卷丹百合，萱草属的各种各样萱草，郁金香属的郁金香，风信子属的风信子和蓝壶花属的葡萄风信子，蜘蛛抱蛋属的一叶兰，沿阶草属的沿阶草和山麦冬属的麦冬，吉祥草属的吉祥草，玉簪属的玉簪（白花）和紫萼（紫花），黄精属的玉竹（可作中药材），万年青属的万年青，火把莲属的火炬花，铃兰属的铃兰（*Convallaria majalis* L.），南方常用的露地宿根葱属的沙葱和大花葱等，大多数品种因为花型华丽，花色纯净，栽培容易而成为现代花境的新宠，应用得风生水起。

4.2.4 毛茛科

毛茛科（Ranunculaceae Juss.）遍布世界各地，主要分布在北半球温带和寒温带。属和种众多，很多中国原生种。多年生或一年生草本，少有灌木或木质藤本。

毛茛科植物含有多种化学成分，许多种植物是药用植物，在中国使用历史悠久。包括很多有毒植物，如乌头、毛茛、打破碗花花、升麻、天葵等，均可作土农药，自古即被中国先民广泛应用于生产生活中防虫防害。耧斗菜属的某些种类的根含糖类，可食用。金莲花属某些种的种子含油脂，可供工业用。展枝唐松草的叶含鞣质，可提制栲胶。

毛茛科中很多属植物据有非常美丽的花朵，广泛应用于园林栽培观赏，如耳熟能详的乌头、翠雀等都是著名的花卉，还有耧斗菜属大花耧斗菜以及花毛茛都是花卉界的新宠。此外，铁线莲属、银莲花属、翠雀属、乌头属、金莲花属、毛茛属、唐松草属等属中还有不少品种花卉值得在庭园、花境花带中引种栽培。

本科观赏花卉以花朵繁复、艳丽见长，但是，植株往往竞争性不强，野化能力不够，抚育栽培养护难度较大，应用于花境中时，需要很高的养护管理水平作支撑。

4.2.5 鸢尾科

鸢尾科（Iridaceae Juss.）属于单子叶植物纲天门冬目，本科植物大部分为多年生草本，多具有地下根状茎、球茎或鳞茎，叶多基生。此科包括了许多常见观赏植物，有些可以作为药用或提取芳香油。

本科植物以花大、鲜艳、花型奇特而常被栽培和观赏，栽培历史悠久，园艺品种及人工杂交种很多，花型及色泽变化也较大，深为各国园艺界所喜爱。鸢尾科多半耐旱也耐水，株高较高，适合做花境的中间层，旱湿皆宜，应用广泛。

世界著名的花卉如唐菖蒲、香雪兰、观音兰、虎皮花和**鸢尾属**的某些种在我国各地庭园中常见栽培供美化及观赏。射干和鸢尾的根状茎及番红花的花柱为传统中药；唐菖蒲、雄黄兰和白番红花的球茎为民间常用的中草药；单苞鸢尾为著名的蛇药。平时不怎么惹人注意的马蔺，可以说是全身是宝，植株可用于水土保持和盐碱土改良，叶在冬季可作为牛、羊、骆驼的饲料，并可用于造纸和编织，根的木质部坚韧而细长，可制刷子，花和种子还可入药。温室花卉香雪兰的花以及香根鸢尾的根状茎可提取香料，用于化工和日用化学品，成为贵重香精原料。唐菖蒲和鸢尾等植物对氟化物较敏感，常栽植于环境敏感区域用于监测周边大气污染情况。番红花的花柱可提取染料——番红，为食用色素，用于糕点及显微切片的着色剂。可见，日常不怎么注意的鸢尾科植物，除了作为花境的重要植物材料外，还有很多功能。

花境中常用的鸢尾科观赏植物有**唐菖蒲属**、**虎皮花属**、**观音兰属**、**香雪兰属**、**雄黄兰属**、**鸢尾属**、**肖鸢尾属**等；供药用的有**射干属**的射干（扁竹兰）、**番红花属**植物。

当下应用最为时尚的**鸢尾属**的德国鸢尾、蓝蝴蝶鸢尾，花朵大而饱满，植株半常绿甚至是常绿，较耐阴耐寒耐水湿，成为林下、湿生栽培最佳品种。缺点是花色单调暗淡，缺少艳丽品种。**鸢尾属**除了鸢尾（*Iris tectorum* Maxim. 别名蓝蝴蝶、紫蝴蝶、扁竹花等）外，还有蝴蝶花（Iris *japonica*）、白蝴蝶（Iris *japonica* f.pallescens）、花菖蒲（*Iris ensata* var. hortensis Makino et Nemoto 玉蝉花的变种）、燕子花（Iris *laevigata* Fisch.）、小花鸢尾（*Iris speculatrix* Hance）、黄菖蒲（*Iris pseudacorus* L.）、德国鸢尾（*Iris germanica* L.）、马蔺 [*Iris lactea var. chinensis* (Fisch.) Koidz. 以及白花马蔺、黄花马蔺等变种]、溪荪（Iris sanguinea Donn ex Horn.）等，品种和花色繁多。

4.2.6 唇形科

唇形科（Lamiaceae Martinov）双子叶植物纲中的一个科，遍布全球，主产地为地中海及中亚——地中海气候型植物较多，夏季养护需格外注意。中国也分布着较多属种。

唇形科植物最大的特点是很多品种富含多种芳香油，如薄荷、百里香、薰衣草、罗勒、迷迭香、牛至等，大多可以食用，且具有浓郁的清凉香味。作为药用的有黄芩、荆芥、藿香、丹参、薄荷、紫苏、夏枯草、益母草等，白苏则为有名的油料作物之一，而常用供观赏的有一串红、五彩苏、绵毛水苏等。

花境材料中选用的芳香植物（主要以叶片和茎秆汁液含有芳香物质）很多属于此科。

如薄荷、薰衣草、迷迭香。连线草属的活血丹、花叶活血丹，就是很难得的香花、香叶型地被植物。还有没有香味的一串红、鼠尾草等，因为花色纯净，成为花境植物的后起之秀。在设计建造特色芳香花境、保健花境时，唇形科植物是最重要的素材。

4.2.7 忍冬科

忍冬科（*Caprifoliaceae* Juss.）双子叶植物纲的一科。多为灌木或木质藤本，以盛产观赏植物而著称。比如荚蒾属（*Viburnum* L.）、忍冬属（*Lonicera* L.）、六道木属（*Abelia* R. Br.）和锦带花属（*Weigela* Thunb.）等基本都是庭园观赏花木，分布于世界各地，广泛应用到园林景观中，包括很多花境植物。忍冬属（*Lonicera* L.）和接骨木属（*Sambucus* L.）的一些种是中国传统的中药材。接骨木属的果实可以酿酒。该科大约800种植物，其中七子花属（*Heptacodium* Rehd.）、猬实属（*Kolkwitzia* Graebn.）和双盾木属（*Dipelta* Maxim.）为中国的特有属。

忍冬科以盛产观赏植物而著称，全球都有分布，因其多半耐寒而称"忍冬"，常常也耐贫瘠，所以在北方的应用更加广泛。很多花具有香味，果实具有一定的观赏性，冬季常绿或半落叶，很多种类成为难得的景观植物品种。

如荚蒾属的琼花［*Viburnum macrocephalum* Fort. f. keteleeri (Carrière) Rehder］和天目琼花［*Viburnum opulus* Linn. var.calvescens (Rehd.) Hara f. calvescens，欧洲荚蒾的原变型，高可达4米］、绣球荚蒾（*Viburnum macrocephalum* Fort.，欧洲荚蒾的一个品种，俗称木绣球）、粉团荚蒾（*Viburnum plicatum* Thunb.，为园艺种，落叶或半常绿灌木，产地：湖北、贵州，日本也有分布。我国长江流域栽培广泛，其他各地也有少量栽培，南京地区长势较好，春季花开整齐而壮观。）；猬实属的猬实（*Kolkwitzia amabilis* Graebn.，落叶灌木，花序簇集繁盛，果实多刚毛，形似刺猬，为国家三级保护植物，为我国特有的单种属珍稀植物，分布偏北方，适宜孤植或丛植于草坪，也可用于街道绿地、住宅区绿地等景观布置，花开极为壮观）忍冬属、六道木属的如大花糯米条［*Abelia × grandiflora*（Andre）Rehd.，是忍冬科六道木糯米条和蓪梗花的一个杂交种。叶片墨绿有光泽，圆锥花序，开花繁茂，5–11月持续开花］、糯米条（*Abelia chinensis* R. Br.，落叶灌木，树形优美，聚伞花序顶生或腋生，花粉红色或白色，具香味，尤其是宿存花萼经久不落，观赏期较长。不太耐冻，南方应用较广）和锦带花属的锦带花［*Weigela florida*（Bunge）A. DC.］等都是庭园观赏花木。

在具有观赏功能的同时，忍冬科很多植物具有香料和中药价值，如忍冬属（如忍冬，即金银花，*Lonicera maackii* (Rupr.) Maxim.）和接骨木属（如接骨木）的一些种是中国传统的中药材。郁香忍冬（*Lonicera fragrantissima* Lindl. et Paxt.，是忍冬科忍冬属半常绿或有时落叶灌木，高可达 2 米，与金银花比较，多半为木本高灌木，且花期比金银花早，花香更浓。）郁香忍冬也是南京地区较为难得的早春香花植物，可以弥补早春蜡梅之后的花卉空档期，而且花型雅致，花色淡白，香气浓郁。**七子花属**的**七子花**（*Heptacodium miconioides* Rehd.）是为落叶小乔木，中国特有，一般树高达 7 米，树姿婆娑，树干洁白光滑、花形奇特、远望酷似群蜂采蜜，为珍贵的观赏树种，也是我国特有单种属植物和国家二级保护植物，宜植于草坪、溪旁、湖畔、路边、林缘边。**接骨木属**的**接骨木**（*Sambucus williamsii* Hance，落叶灌木，高达 4 米。）果实可以酿酒。

4.2.8 锦葵科

锦葵科（Malvaceae Juss.）锦葵目下的一个科，从草本到灌木直至乔木都有，类型跨度较大。锦葵科有三种类型果实，分别为：①蒴果型，如棉、木芙蓉、木槿、洋麻、扶桑等；②分果型，通常成一轮，成熟时分果自果轴（中翻）脱离，每一成熟的心皮称为分果爿，如苘麻、锦葵、蜀葵等；③极少数为浆果状。

锦葵科下分三个族，分别为：①锦葵族，锦葵属、蜀葵属、花葵属、苘麻属、翅果麻属等；②梵天花族，梵天花属、悬铃花属；③木槿族，大萼葵属、棉属、木槿属、秋葵属、桐棉属、罂粟葵属、球葵属等。

从以上分类所包含的属名可以看出，锦葵科植物绝大多数具有大而艳丽的花朵，且大多是农业经济作物，与人们的生产生活密切相关，比如棉花、苘麻都是棉纺织业的主材料，而黄秋葵具有食用和药用价值。园林景观应用上，锦葵、木槿是非常常用的花灌木，大花锦葵、红秋葵、蜀葵、马洛葵、大花葵、朱槿等，非常适合作为花境的中坚植物，重点观赏花卉。**蔓锦葵**（*Callirhoeinvoluerare*，锦葵科锦葵属半常绿多年生草本花卉）是锦葵科中较少见的植株匍匐生长的类型。花繁茂，适应性强，株高 20~30 厘米，枝叶长 1~3 米，可作半常绿开花地被使用。

选用锦葵科植物可以大大提高花境的竖向高度，同时增加大花植物比重，适合近距离观赏，成为观花型花境。缺点是锦葵科植物容易生长过高，花型和叶片较大，导致花境整体杂乱，较强的竞争性也不利于同一花境中其他花卉植物的生存。

4.2.9 景天科

景天科（Crassulaceae J. St.–Hil.）双子叶植物纲下一个较大的科，植株类型为草本、半灌木或灌木。按《中国植物志》分为三亚科：东爪草亚科（Crassuloideae BERGER）、伽蓝菜亚科（Kalanchoideae BERGER）、景天亚科（Sedoideae BERGER）。

该科植物为多年生肉质草本，夏秋季开花，花小而繁茂，典型的旱生植物。易繁殖，

易养护，具有较强的观赏性，很适合园林观赏。

景天科植物主要野生于岩石地带、山坡石缝、林下石质坡地、山谷石崖等处。耐旱、耐贫瘠、耐污染，植株多匍匐矮小，适应在干旱、多风、暴晒等立地条件恶劣状态下栽培，比如屋顶、墙壁、屋檐下种植，还有悬空花盆栽植，干旱荒坡栽植等，是岩生花境常用的品类。常用的景天科花境品种有八宝景天、红景天、德景天、凹叶景天、垂盆草、佛甲草等。

景天科植物大多是喜阳植物，不能栽在阴暗处，尤其是阴暗潮湿的地方更难生存。

4.2.10 禾本科

禾本科（Poaceae Barnhart），典型的单子叶植物纲禾本目的一个科，别称早熟禾科。

禾本科主要以草本类型为主，也有木本，比如各种竹子，在园林观赏草中占据较大比重。禾本科植物最大的特点是人类粮食主要来源，自古与人类的生产生活息息相关，也是草本植物中最为常见的一个科，其中具有观赏价值和可开发观赏价值的品种众多。

芦竹亚科之下有芦竹属、蒲苇属、芦苇属、棕叶芦属等，包含很多观赏芦苇、芦竹、蒲苇等，竹亚科和假淡竹叶亚科之下包含紫竹、早园竹、鹅毛竹、菲白竹、菲黄竹、箬竹、翠竹、淡竹叶等适合花境种植的竹子品种。画眉草亚科之下的狗牙根属、细画眉草属、画眉草属、千金子属、小草属、乱子草属、茅根属、结缕草属等包含很多传统和新兴的观赏草，比如狗牙根、画眉草、中华结缕草、千金子、粉黛乱子草、狼尾草等。早熟禾亚科中的虉草属、早熟禾属、棒头草属、黑麦属、针茅属、小麦属等包括水系边坡防护草本虉草，传统草坪草早熟禾、黑麦草等，还有新兴观赏草如针茅，以及粮食作物小麦等。还有白茅属的日本血草、求米草属的求米草、筋草属的荩草、虉草属的玉带草等。

禾本科植物在花境应用中较为简单，很多具有自播能力。缺点是容易衰败和退化，养护跟不上的情况下，很容易滋生病虫害，成为花境使用的一大难点。

4.2.11 其他科属

除了以上提到的以外，在花境中较多应用的植物科属还有很多，例如：

蔷薇科（Rosaceae Juss.），其绣线菊亚科中的绣线菊属金山绣线菊、线叶绣线菊（喷雪花）、菱叶绣线菊、李叶绣线菊（雪柳）等应用广泛，**珍珠梅属的珍珠梅在华北园林花境中表现优异，风箱果属的红叶风箱果也是最近几年较流行的花境彩叶花灌木。其苹果亚科中的灌木或乔木在花境中应用也是非常广泛，如栒子属的匍枝栒子、火棘属的火棘、山楂属的山楂、石楠属的各种石楠、枇杷属的枇杷，以及木瓜属、梨属、苹果属、

104

唐棣属中的植物等。蔷薇亚科包含的各种蔷薇、地榆、棣棠、悬钩子、蛇莓、山莓、高粱泡、委陵菜等。还有李亚科的桃、李、杏、樱花等，都是园林以及花境中常见的背景或主要植物。

十字花科（Brassicaceae Burnett）的诸葛菜（别名二月兰）、香雪球、紫罗兰、桂竹香、羽衣甘蓝（别名花苞菜）、菘蓝（根即中药材板蓝根）、香花芥、既可以作蔬菜又可以观赏的"可食花境"植物——青菜、白菜、油菜、萝卜、芥菜等。

玄参科（Scrophulariaceae Juss.）的金鱼草、柳穿鱼、毛地黄、婆婆纳、碎花婆婆纳、吊钟柳、香彩雀、蒲包花、通泉草等，还有高大背景乔木泡桐。

马鞭草科（Verbenaceae J. St.–Hil.）的美女樱、柳叶马鞭草、金叶莸、单花莸、假连翘、马缨丹（别名五色梅）、牡荆、紫珠、海州常山等，大多数为木本植物。

虎耳草科（Saxifragaceae Juss.）的虎耳草、落新妇、矾根（别名肾形草，花境新秀，叶色丰富，花型典雅，耐阴）、溲疏、岩白菜（原产西南山地林下，可盆栽观赏）、黑茶藨子（主要分布于内蒙古、新疆等地）、绣球（别名八仙花、粉团花、草绣球、紫绣球、紫阳花）、鬼灯檠（原产东北地区，耐阴，山地凉爽环境可以引种栽培）等。

苋科（Amaranthaceae Juss.）的五色草、千日红、雁来红、鸡冠花，还有兼具观赏和药用价值的牛膝、青葙、莲子草（同属的喜旱莲子草就是外来入侵物种"水花生"，属于恶性杂草，花境中要注意防范）等。

报春花科（Primulaceae Batsch ex Borkh.）的报春花、仙客来在花境中应用广泛，而点地梅、狼尾花（别名矮桃、珍珠菜、珍珠草）、金叶过路黄等也较常见。

白花丹科（Plumbaginaceae Juss.）的海石竹、补血草、二色补血草、蓝花丹（别名蓝雪花、蓝茉莉）、白花丹等，共同的特点是地中海气候型为主，喜夏季凉爽，冬季不冷。且大多较耐盐碱。

紫草科（Boraginaceae Juss.）的蓝蓟、琉璃苣、聚合草、附地菜（别名鸡肠草、地胡椒）等。

总之，花境植物分类学跨度较大，丰富多彩，这里只选取了几个具有一定代表性的科属做介绍，其余不再赘述。

4.3 得失参半——花境植物选择实践

随着花境的推广和普及，各种新兴的花卉植物被发现、驯化和尝试使用，新奇品种、创新用法常常异军突起，层出不穷，给花境带来了百花齐放的新鲜效果和广阔的选择空间。笔者就自己使用过的一些花卉植物案例举例说明其成败得失。

4.3.1 曾经较好地应用于花境的新兴植物

美人蕉科美人蕉属的各变种美人蕉（Canna indica L.，多年生草本植物，具块状根茎），在旱生、湿生和水生环境下都能使用；生性泼辣，适应性强，不起眼但是花香扑鼻的姜科姜花属的姜花（Hedychium coronarium Koen.，别名野姜花，宿根草本植物，不耐寒，喜水，生长初期宜半阴，生长旺盛期需充足阳光。姜花有清新的香味），在野趣类花境中、香花型花境中都能起到很好的作用；野生能力很强的桔梗科桔梗属的桔梗（Platycodon grandiflorus.，别名僧帽花，多年生草本植物），亚麻科亚麻属的宿根亚麻（Linum perenne L.，多年生宿根花卉，可作一年生栽培。较耐寒，花蓝色或红色，淡雅），夏秋季节花开典雅，株型秀气，适应能力也强，是值得推荐使用的宿根植物。

还有假龙头花（Physostegia virginiana Benth.，别名芝麻花，唇形科假龙头花属多年生宿根草本植物。花粉色、白色等，因其花朵排列在花序上酷似芝麻的花，故名芝麻花）的粉红色花瓣是花境使用中衬托其他红色、黄色花朵的重要背景色，株高60~100厘米，适合在花境背景中种植，适应性也强，各种花境中广泛使用。

石竹科剪秋萝属大花剪秋萝（Lychnis fulgens Fischer ex Sprengel.，多年生草本，耐寒，耐旱）、石竹科蝇子草属剪春罗（Lychnis coronata Thunb.，多年生草本，别名剪夏罗、婆婆针线包，中国的传统名花。初夏开花，花色艳丽，五彩缤纷，至秋不断，喜光、耐旱）、石竹科肥皂草属的石碱花（Saponaria officinals Linn.，别名肥皂花，多年生草本，生长强健，易繁殖，喜光耐半阴、耐寒、耐贫瘠，管理简单）、各种观赏石竹（Dianthus chinensis L.，石竹科石竹属多年生草本，分布广泛，适应性强，花色丰富），也是宿根植物的好品种。

4.3.2 较为传统的花卉植物

酢浆草科酢浆草属的红花酢浆草和紫叶酢浆草，是很好的宿根植物品种，分生迅速，花朵繁密，管理粗放，缺点就是其越冬、越夏时间过长，株型过矮，在休眠季节需要对花境的种植地进行艺术遮盖处理。

笔者建设和管理的一些公园一直关注和使用的紫竹梅［Callisia gentlei var. elegans (Alexander ex H.E.Moore) D. R. Hunt，别名紫鸭跖草、紫锦草，鸭跖草科紫露草属常紫叶常绿植物，喜温暖、湿润、半荫，不耐寒，忌阳光曝晒，最适生长温度20–30℃，冬季怕冻，需遮盖宿根越冬。耐旱，对土壤要求不严］、无毛紫露草（Tradescantia virginiana L. 鸭跖草科紫露草属多年生草本植物，适应性强，花蓝紫色）、过路黄（Lysimachia christiniae Hance.，别名金钱草、铺地莲等，报春花科珍珠菜属多年生草本植物，茎匍匐，生长快速。于山坡、路旁较阴湿处野生）等品种，也是适应性较强，耐旱耐贫瘠，生长势很旺的宿根植物，花境中可以选择使用，当然，越冬需要一些特别防冻处理。

4.3.3 值得推荐的宿根植物

玄参科钓钟柳属的钓钟柳因为花型独特，植株常绿，适应性强而应用广泛，推广较快。马鞭草科马鞭草属的美女樱，花色极其丰富，生长强健，市场上出现了各种颜色和株型的培育种，也是目前花境选材中地被类花卉的主力军，与粉色的美丽月见草（柳叶菜科月见草属）、丛生福禄考（花荵科天蓝绣球属）搭配，非常时尚。

八仙花〔*Hydrangea macrophylla* (Thunb.) Ser.，虎耳草科绣球属多年生草本〕花大艳丽，深受园林景观、花境建设者的喜爱，近年引进的泽八仙花（*Hydrangea serrata* Ser.）和杂交培育出的诸多园艺八仙花品种，更是精美绚烂，成为园林新宠。然而八仙花对于光线和土壤质地的要求较高，强光容易导致叶片灼伤，过碱性土壤不利于其生长，土壤板结、积水容易导致病害，冬季过低温度也容易导致死亡。在建植含有园艺八仙花花境时，小环境最好背风向阳，位置高爽，土壤必须疏松透气，酸碱适当。且环境中最好配置一定数量的乔灌木，形成林荫，园艺八仙花种植在林缘，形成花带，与其他花朵相映成趣。

4.3.4 花朵观赏性选择

从花朵观赏效果角度选择，使用广泛，较为吸引人的花境花卉品种还有：火炬花、火星花、羽扇豆、飞燕草、毛地黄、锦葵、大花葱、花毛茛、荷包牡丹、阔叶十大功劳、粉团绣球、紫娇花、各种鸢尾、醉鱼草、锦带花、荚蒾等。

笔者在使用过程中个人比较喜欢的传统花境植物还有棣棠、大花六道木、水果蓝（*Teucrium fruticans* L.，别名灌丛石蚕花，唇形科香科科属常绿花灌木）、连翘、大叶栀子花（香花植物）、水栀子（香花植物）、海桐球（香花植物）、石楠、椤木石楠、枸骨、无刺枸骨、火棘、南天竹、天竺葵、火星花、地肤草、各种地被竹类、各种观赏草类等，结合彩色有机覆盖物、白石子、黑石子、红色陶粒使用，夏季点缀彩叶草、薄荷、夏堇、大花矮牵牛花，冬季夹杂雏菊、报春花、角堇花，配合恰当材质的置石、合适形状的花器等花境装饰，能形成微型花园、街头盆景、口袋公园的园艺景观效果，成为花境中的点睛之笔。

夏秋季高温干燥时期，斑叶地锦会自然滋生，人工去除较难，如果适当引导和抚育，就成为花境背景，化腐朽为神奇，形成独特的效果。同样的植物还有春季早花的小毛茛、婆婆纳、紫花地丁、白花地丁，夏季喜水湿的半边莲、通泉草，较喜阴湿的鸡眼草等，都可以巧妙使用于自然花境中。

4.4 南京地区常见花境植物

4.4.1 花境植物地方特色概述

每一个地域都有本地域的特色花卉植物，具体品种取决于其气候条件、地理环境、水文特点等制约因素。

近年，我国花境建设水平不断提高，地方特色也较为明显。例如，上海、浙江等地，在花境中经常大胆使用很多白色基调花卉植物，甚至是大块面地使用，南京地区的花境则多半是红色、黄色、紫色色系，基本没有大块面白色色系。

南京有一家企业，几年前请园林单位帮忙将办公区门前的白花**夹竹桃**树丛移走，换上了红色的夹竹桃，即便移栽后很长时间都无法恢复饱满的花丛景观。

笔者管理的园区交通节点有几个中心环岛，几年前种植的模纹花坛，曾经不经意间设计成了同心圆状，混色型，后来有市民投诉说像花圈，坚决要求换掉。有此经验后，我们在南京地区设计建造花境时，尽量避免同心圆和白色混色搭配模式。

在绿地景观中种植南京及周边本土特有树种**南京椴**（*Tilia miqueliana* Maxim.，椴树科椴树属乔木，高达 20 米）、**宝华玉兰**［*Yulania zenii* (W. C. Cheng) D. L. Fu，木兰科玉兰属高大乔木，该种叶倒卵状长圆形，花被片匙形，外面中部以下紫色等特征与近缘种白玉兰有明显区别），不用太多说明，树木品种本身就能起到南京名片的标识作用。

在花境中，竖向设计如果选择使用**秤锤树**（*Sinojackia xylocarpa* Hu，安息香科秤锤树属落乔木）作背景小乔木，那么，这处花境就是在对南京本土植物品种的"致敬"，是一种地方特色的体现，在一些花卉、园艺博览会上南京地方特色园多喜欢种植秤锤树。

附着南京地域人文情怀的植物如**紫茉莉**（*Mirabilis jalapa* L.，紫茉莉科紫茉莉属多年生草本，花多色，有香气，可染色用），在南京的寻常巷陌，市井人家，街角、窗下花境中常常可见，俗称"洗澡花"——夏日傍晚花朵开放，恰是南京人洗澡的时候；也称为"指甲花"——大姑娘小媳妇染指甲的天然材料，花儿即是乡愁的记忆，是南京的一种乡土文化。

所以，园林景观，包括花境景观，用各种花卉植物营造美好的氛围和意境，有时还须充分考虑文化和心理因素，尤其是特别的地域文化。

4.4.2 南京花境花卉植物推荐

笔者根据多年实践，汇总南京很多公园绿地中常见的一些花境植物（可露地越冬），简单列举如下，以供方家参考：

4.4.2.1 传统品种

万年青〔*Rohdea japonica* (Thunb.) Roth.，百合科万年青属常绿多年生地被〕、**萱草**〔*Hemerocallis fulva* (L.) L.〕，百合科萱草属多年生宿根植物，根近肉质，花型花色多变。同类的还有重瓣萱草、大花萱草、常绿萱草、金娃娃萱草、小黄花菜等〕、**卷丹**〔*Lilium lancifolium* Thunb.，百合科百合属落叶或半常绿球根（鳞茎）植物，花瓣有平展的，有向外翻卷的，故名"卷丹"〕、**月季**（*Rosa chinensis* Jacq.）、**牡丹、芍药、大丽花**（*Dahlia pinnata* Cav.，菊科大丽花属多年生草本，有巨大棒状块根。）、**小丽花**（*Dahlia pinnate* cv. 别名小丽菊、小理花，菊科大丽花属多年生草本，植株矮，花较大丽花稍小）、**玉簪**〔*Hosta plantaginea*（Lam.）Aschers.，别名白萼，百合科玉簪属多年生宿根植物，耐寒耐阴花有香气〕、**紫萼**〔*Hosta ventricosa*（Salisb.）Stearn，别名"紫玉簪"，百合科玉簪属多年生草本，具根状茎〕、**玉竹**〔*Polygonatum odoratum* (Mill.) Druce.，百合科黄精属多年生植物，状茎圆柱形，可入药〕、**鸢尾**（*Iris tectorum* Maxim.，别名蓝蝴蝶、紫蝴蝶、扁竹花等，鸢尾科鸢尾属多年生草本，根状茎粗壮）、**溪荪**（*Iris sanguinea* Donn ex Horn.，鸢尾科鸢尾属多年生耐阴泼辣草本）、**马蔺**（*Iris lactea* Pall. var.chinensis (Fisch.) Koidz.，别称马莲、马兰、马兰花、旱蒲、马韭等，鸢尾科鸢尾属多年生草本宿根植物，根系发达，抗旱，喜阳，耐阴，耐盐碱，花清香，也可用于农业编织〕、**射干**〔*Belamcanda chinensis*（L.）Redouté，鸢尾科射干属多年生草本〕、**黄菖蒲**（*Iris pseudacorus* L.，鸢尾科鸢尾属多年生湿生或挺水宿根草本）、**绣线菊**（*Spiraea salicifolia* L. 蔷薇科绣线菊属直立灌木）、**李叶绣线菊**（*Spiraea prunifolia* Sieb. et Zucc.，别名笑靥花，蔷薇科绣线菊属灌木，高可达3米，花重瓣，也有单瓣变种，花开似雪）、**蜀葵**（*Alcea rosea.*，锦葵科蜀葵属二年生直立草本，高达2米）、**木芙蓉**（*Hibiscus mutabilis* Linn.，锦葵科木槿属落叶灌木或小乔木）、**锦带花**〔*Weigela florida*（Bunge）A. DC.，忍冬科锦带花属落叶灌木，高可达3米〕、**八宝景天**〔*Hylotelephium erythrostictum* (Miq.) H. Ohba，景天科八宝属多年生草本〕、**金鱼草**（*Antirrhinum majus* L.，车前科金鱼草属多年生直立草本，花色丰富）、**虞美人**（*Papaver rhoeas* L.，罂粟科罂粟属一年生草本）、**葱兰**〔*Zephyranthes candida*（Lindl.）Herb.，石蒜科葱莲属多年生草本植物，鳞茎卵形，别名葱莲，花白色〕、**韭兰**（*Zephyranthes grandiflora* Lindl.，石蒜科葱莲属多年生草本植物，丛生，花红粉色，别名韭莲）、**凤仙花**（*Impatiens balsamina* L.，凤仙花科凤仙花属一年生草本花卉，可自播，花可染色）、**紫茉莉**（*Mirabilis jalapa* L.，紫茉莉科紫茉莉属一年到多年生，花艳丽多色，可染色，可自播）、**麦冬草**〔*Ophiopogon japonicus* (Linn. f.) Ker-Gawl.，百合科沿阶草属多年生常绿草本植物，广泛用于地被〕、**阔叶山麦冬**〔*Liriope muscari* (Decne.) L.H.Bailey，百合科山麦冬属多年生宿根植物，根细长，分枝多，有时

局部膨大成纺锤形的小块根。同类还有金边阔叶山麦冬、异叶山麦冬、黑麦冬等〕、沿阶草（*Ophiopogon bodinieri* Levl.，百合科沿阶草属宿根草本，根纤细，花丝短，一般矮于叶片——与麦冬草的区别，叶片略细而下垂。栽培品种还有矮生沿阶草、银边沿阶草等）、酢浆草（*Oxalis corniculata* L.，多年生草本植物，花红色繁复，优良地被）、无毛紫露草（*Tradescantia virginiana* L.，鸭跖草科紫露草属多年生草本植物，花蓝紫色）、吉祥草〔*Reineckia carnea* (Andr.) Kunth，别名紫衣草，百合科吉祥草属多年生常绿草本地被植物〕、百日草（*Zinnia elegans* Jacq.，菊科百日菊属一年生草本，可自播）、红叶甜菜（*Beta Vulgaris.Dracenifolia*，叶用甜菜的一个变种，藜科甜菜属，耐低温）、诸葛菜〔*Orychophragmus violaceus* (L.) O. E. Schulz，十字花科诸葛菜属一年或二年生草本，早春蓝花地被植物〕等。

4.4.2.2 后期引进、驯化且流行度较高的品种

金鸡菊、天人菊、松果菊、金光菊、大滨菊、白晶菊、黄晶菊、黑心菊、勋章菊、蛇鞭菊、蛇目菊、荷兰菊、翠菊、五色菊、银叶菊、亚菊、美女樱、宿根亚麻、柳叶马鞭草、硫华菊、欧洲鸢尾、山桃草、红花、山桃草、耧斗菜、大花飞燕草（大花翠雀）、非洲万寿菊（*Osteospermum ecklonics.*，菊科蓝目菊属多年生草本，花色丰富、艳丽，花期长，适应性强）、加拿大美女樱、墨西哥鼠尾草（*Salvia leucantha* Cav.，唇形科鼠尾草属多年生草本植物，紫花艳丽，适应性强，花茎高可达 1 米）、薷草、羽扇豆、花菱草、摩洛哥柳穿鱼、花烟草、紫罗兰〔*Matthiola incana* (L.) R. Br.，十字花科紫罗兰属二年生或多年生草本植物〕、香雪球〔*Lobularia maritima* (Linn.) Desv.，十字花科、香雪球属多年生草本植物〕、圆锥石头花、矮本向日葵、钓钟柳、穗花婆婆纳（*Veronica spicata* L.，玄参科婆婆纳属多年生草本，花色丰富，株型直立整齐）、多花筋骨草（*Ajuga multiflora* Bunge.，唇形科筋骨草属多年生草本）、丛生福禄考、法国百里香（唇形科百里香属多年生亚灌木，地中海气候型，喜凉爽，生长适温 20~25℃。耐寒。喜光照，全日照、半日照均可，植株和花香气浓郁。）、裂叶锥托泽兰（*Conoclinium dissectum*，菊科锥托泽兰属宿根草本）、毛地黄、桔梗、火星花、薄荷、美国薄荷、花叶薄荷、金叶甘薯、大吴风草、西洋水仙、大花秋葵、锦葵、苏木兰、水果蓝（银叶石蚕）、地中海荚蒾、大花六道木、熊掌木、蓝花鼠尾草、林荫鼠尾草、赤胫散、醉鱼草、金叶苔草（*Carex* 'Evergold'，莎草科苔属多年生色叶观赏草）、血草、玉带草、旱伞草、金边金线蒲（*Acorus gramineus* Soland.，天南星科菖蒲属多年生草本，具地下匍匐茎，叶有香气。同类的还有菖蒲、石菖蒲、花叶菖蒲）、白及〔*Bletilla striata* (Thunb. ex A. Murray) Rchb. f.，兰科白及属多年生草本地被植物，花蓝紫色，性耐阴，生长强健〕等。

4.4.2.3 尝试探索开发使用的品种

小毛茛、阿拉伯婆婆纳（*Veronica persica* Poir.，玄参科婆婆纳属铺散多分枝草本植物，花小而繁，蓝色，花期长，适应性强）、半边莲、通泉草、附地菜（紫草科附地菜属）、紫花地丁、蛇莓[*Duchesnea indica* (Andr.) Focke.，蔷薇科蛇莓属多年生草本，匍匐生长，春季黄花，夏季红果]、紫背金盘（唇形科筋骨草属，山地岩石丛中野生）、黄鹌菜（菊科黄鹌菜属）、夏枯草（*Prunella vulgaris* L.，唇形科夏枯草属多年生草本植物，匍匐根茎，生长在山沟水湿地或河岸两旁湿草丛、荒地、路旁）、紫丹参、魔芋、蜘蛛抱蛋、鸟巢蕨、蒲公英、珊瑚樱（*Solanum pseudocapsicum* L.，茄科茄属一年生冬季观果植物，可自播）、薤头（*Allium chinense* G.Don.，百合科葱属多年生鳞茎植物，野生，可食用）、山姜[*Alpinia japonica* (Thunb.) Miq.，姜科山姜属多年生草本植物]、姜花（*Hedychium coronarium* Koen.，姜科姜花属草本宿根植物，高 1~2 米，花有香味）等。

换锦花

紫苏

红花紫茉莉

白花紫茉莉

姜花

荆芥

大吴风草（秋冬花）

枇杷（冬花、香花）

水果蓝

多花筋骨草

粉团荚蒾

大叶冬青（花）

白晶菊

滨菊

熊掌木

香雪球

紫罗兰

藿香蓟

染料木

金叶连翘（常色叶）

麦蓝菜

矢车菊　　　　　　　　　　　　　溪荪

赤胫散　　　　　　　　　　　　　穗花婆婆纳

虎耳草　　　　　　　　　　　　　黑心金光菊

林荫鼠尾草

泽泻

美国薄荷

香港四照花

银叶菊

百子莲

黄花月见草　　　　　　　　　　　　　　　蓝目菊

水鬼蕉　　　　　　　　　　　　　　　海滨木槿

荇菜　　　　　　　　　　　　　　　毛地黄

花之境
花境文化与实践

狼尾花

韭莲

马利筋

榆叶梅

单瓣李叶绣线菊

重瓣李叶绣线菊

火星花　　　　　　　　　　　　蒲棒菊

桔梗　　　　　　　　　　　　　长筒石蒜

夏蜡梅　　　　　　　　　　　　葱

五叶地锦   秤锤树

红花酢酱草   裂叶锥托泽兰（蓝雾花）   阿拉伯婆婆纳

 5 本土野生花卉植物的开发和利用

为不断丰富植物品种而引进繁育优良、新奇花卉植物固然不可少，但重视开发使用本土化（包括驯化成功的）野生花卉植物也是花境获得长期发展的基础之一。

5.1 本土野生花卉植物开发利用的优势

5.1.1 丰富的宿根花卉品种

不同的地区开发不同的本土品种，百花齐放百家争鸣，再经过交流互鉴，互通有无，才能最终共同丰富花境植物品种。

5.1.2　地方特色

如第 4 节所述，只有充分开发和使用具有地方特色的宿根、地被植物，花境景观才能凸显地方特色，凝聚人文文化。

5.1.3　建植成功率高

本土野生花卉植物适应当地的生态环境，通常繁殖能力也强，有利于花境生态环境的稳定，提高建植成功率。

5.1.4　养护管理成本低

本土野生花卉的使用，使得花境的自我维护能力提高，管理难度降低，降低后期的养护管理成本。

开发和使用本土花境植物，是园林人实践低碳排放的具体措施。

5.2　风险与挑战

首先，本土花卉植物选育和驯化，前期的选育、驯化、繁育周期长，投入大，风险比较大；场地、技术和人力基础，是开发使用本土花境植物的前提。任何一家企业，承担此项任务，都可能面临选材不准，驯化不成功，繁育周期过长，成本投入过大而导致任务失败的风险。

其次，即便选育、驯化成功，品种鉴定和认可也需要很长的时间，不可控的时间风险很大。而且，本土野生品种天生的容易杂交异化、退化，容易混淆、容易被忽视等特点，也给选育、驯化带来较大的商业和技术风险。

第三，被抄袭和遭遇恶性竞争带来的风险。一旦选育成功，知识产权保护难度很大，成为制约行业发展的瓶颈。往往一家研发、驯化成功，很快就被抄袭、扩繁或者假冒。行业混乱，恶性竞争，导致本土品种开发项目前功尽弃，最终是行业失去开发和驯化的动力。

最后，就是行业主管部门或者行业协会等对于新品种、本土化品种推广、使用的引导和扶持力度仍不够。

还有一点不可忽视的因素，野外自然形成的各种纷繁复杂的植物群落，其中乔木、灌木、藤木和地被、草、藓类甚至水生植物混杂，形成一定系统的稳定生态环境，植物内部互相依存，动植物与气候环境等各种因子巧妙平衡，内在关系非常复杂微妙，较难掌握。

如果人类出于观花、观叶或者观果等需要，抽取其中一两种野生花卉植物进行单独栽培、杂交和驯化，形成栽培种、驯化种，其生理表现必然因生境背景的变化而改变，往往很难达到预期的效果。这也给品种开发带来巨大的挑战。

以马蹄金（*Dichondra micrantha* Urban.，旋花科马蹄金属多年生匍匐小草本）为例，我们在园林景观内单独作为草坪品种使用的过程中，发现其很容易罹患白绢病、地老虎等多种病虫害，导致斑秃严重，甚至全军覆没。但是，在马里拉等禾本科草坪中，它却常常成为其中的恶性杂草，繁殖能力超强，如果措施不当，往往随着人工种植的禾本科草坪的退化，马蹄金草竟自发形成了野生草坪，替代了禾本科草。

在南京鱼嘴湿地公园江滩湿地区的杨树林下（每年7、8月份短暂淹水区）野生了大片大片的蒌蒿（*Artemisia selengensis* Turcz. ex Bess.，是菊科蒿属多年生草本，植株具清香气味，具匍匐地下茎）地被，植株高达80厘米左右，生长势良好，整齐，翠绿。但是，很多人工种植的蒌蒿，却病虫害严重，想尽一切办法也很难长得如此茂密翠绿。

可见，人工种植和野生存在着环境的差异、品种的差异、生理习性的改变等区别，从事野草花开发、驯化、应用于花境（花带）的工作者们必须注意这种环境系统的相关性。

综合而言，行业自律，政府引导，基础研究，生态重视，经济回报等前提条件，是本土花卉植物品种开发、驯化行业发展、壮大的前提。

5.3 本土品种推荐

结合笔者自己多年开发、驯化和观察的经验，推荐一些江淮地区具有潜在开发、驯化价值的本土宿根、野生花卉植物。

5.3.1 推荐的草本植物

（1）翠云草　学名 *Selaginella uncinata* (Desv.) Spring，别名龙须草，卷柏科卷柏属多年生铺地、垂挂草本，喜温暖、湿润、半阴环境，常野生，最大特点是植株匍匐细密，叶色深绿如荫，形成绿毯效果，可在光线较暗、潮湿度高的花境中作为背景草坪使用，比青苔更饱满，极好地衬托花境中花朵的艳丽，传统园林技艺中常用此植物作大型老桩盆景的盆土覆盖材料。

（2）天胡荽　学名 *Hydrocotyle sibthorpioides* Lam.，伞形科天胡荽属多年生草本，喜潮湿、贫瘠、半阴暗的环境。自播能力强，常野生。最大特点是低矮、翠绿，是阴湿花境环境中难得的草坪类地被植物。民间可作蔬菜。

（3）三白草　学名 *Saururus chinensis* (Lour.) Baill，别名白面姑、塘边藕，三白草科三白草属多年生湿生草本，花苞及花絮均白色，喜野生于半阴的林下、水边，中药材。是花境中较好的喜阴湿白花植物。

（4）蕺菜　学名 *Houttuynia cordata* Thunb.，别名鱼腥草，三白草科蕺菜属多年生草本，喜林下阴湿，也耐光照耐贫瘠，适应性强，繁殖力强，蔬菜、药材植物，也是较好的花境植物。

（5）紫背金盘　学名 *Ajuga nipponensis* Makino.，唇形科筋骨草属一或二年生草本植物，在低山丘陵岩石中长势良好，自播能力强，花开粉白，连片成带，蔚为壮观。山地花境，适合选用。

（6）莓叶委陵菜　学名 *Potentilla fragarioides* L.，蔷薇科委陵菜属多年生草本植物，喜光，匍匐地被，野生能力强，每年春季 4—6 月开亮黄色花，繁密，果实红色可观，适合花境春季观赏黄色系选材。

（7）蛇莓　学名 *Duchesnea indica* (Andr.) Focke，蔷薇科蛇莓属多年生草本，初夏开黄色花，后结红色果，比委陵菜花迟，果更大，茎更长。适应性强，是很好的水土保护地被植物品种，花境使用价值高。

（8）刻叶紫堇　学名 *Corydalis incisa* (Thunb.) Pers.，罂粟科紫堇属多年生草本，生性泼辣，繁殖力强，林下、坡地、山间均有大量野生，甚至在南京明城墙的砖缝中都有很多野生株。仲春蓝紫色花繁密，形成自然花海效果。是春季花境难得的紫花植物。

（9）紫花地丁　学名 *Viola philippica*.，堇菜科堇菜属多年生宿根草本，无地上茎，早春蓝紫色花开娇艳，也有白花地丁，生长和繁殖方便，自播能力强，适合早春花境使用。

（10）心叶堇菜　学名 *Viola yunnanfuensis* W. Becker，别名犁头草，和紫花地丁相近。

（11）深圆齿堇菜　学名 *Viola davidii* Franch.，多年生细弱无毛草本，和紫花地丁相近，叶近圆形。

（12）水芹　学名 *Oenanthe javanica* (Bl.) DC.，伞形科水芹属多年生草本，茎直立或基部匍匐。喜湿润、肥沃土壤。耐涝及耐寒性很强，在南京江岸间歇淹积水区域有大量野生。可当蔬菜食用，其味鲜美，民间也作药用，花境可以作耐水湿耐阴栽培。

（13）蒌蒿　学名 *Artemisia selengensis* Turcz. ex Bess.，菊科蒿属多年生草本，喜湿耐寒耐阴耐水渍，生性泼辣，叶色浓绿，繁衍简单，株丛整齐，叶背粉白色，植株具清香气味，可作蔬菜。是江淮地区优良湿生花境植物。

（14）薄荷　学名 *Mentha canadensis* Linnaeus，别名野薄荷，唇形科薄荷属多年生草本植物，或有或无清凉薄荷味，花为淡紫色。适应性强，喜生于水旁潮湿地、林带边缘，光线不足时常不开花，无香气。在长江中下游江岸湿地区域较多野生，成片茂密生长，是很好的水岸、耐阴植物，花境使用作大面积绿色背景和夏季开花材料。

（15）野慈姑　学名 *Sagittaria trifolia* L.，别名剪刀草，泽泻科慈姑属多年生草本的野生类型。浅水、湿地野生，叶子像箭头，开白花。球茎可作食用。自然野生强健，繁

殖能力强，耐寒耐阴优良湿生和水生植物。

（16）**求米草**　学名 *Oplismenus undulatifolius* (Arduino) Beauv.，别名皱叶茅，禾本科求米草属一年生草本，喜阴耐湿耐阳光，叶色葱绿秀气，矮生丛生茂密，自然野生在山林、边坡，成葱绿草坪，可因势利导运用于花境林下，形成浓绿背景。

（17）**荩草**　学名 *Arthraxon hispidus* (Trin.) Makino，别名绿竹，禾本科荩草属一年生草本。株型矮小整齐，叶色翠绿，似弱小的竹子。喜冷凉，生于山坡草地阴湿处。花境中可作喜湿浓绿背景植物栽植。

（18）**单花莸**　学名 *Schnabelia nepetifolia* (Benth.) P. D. Cantino，唇形科四棱草属多年生草本，有时蔓生，仅基部木质化，花单生叶腋，蓝白色，有紫色条纹和斑点，酷似石蚕花，花期4—8月。野生于阴湿的山坡、林边、路旁或水沟边，为优秀的耐阴湿观花观叶地被植物。花境使用中适合林下布置，成片可形成蓝白色花毯效果。

（19）**野芝麻**　学名 *Lamium barbatum* Sieb. et Zucc.，唇形科多年生草本植物，根茎有长地下匍匐枝，生荫湿的路旁、山脚、山间或林下、水边，野生性强，分布广泛，可自播，适合花境作背景植物，白花盘状聚叶节下，4月中下旬开始陆续开放，蓬勃生机，具野生花境特色。在南京，紫金山、老山有分布，长江边也有大片分布，可见其适应能力很强。

（20）**野胡萝卜**　学名 *Daucus carota* L.，伞形科胡萝卜属二年生草本植物，高可达120厘米，茎单生，二至三回羽状全裂复叶。复伞形花序，花序梗有糙硬毛；总苞有多数苞片，呈叶状，羽状分裂，裂片线形，花通常白色，有时带淡红色；花柄不等长，果实圆卵形，5~7月开花。具有很强的野生性和适应性，花开繁盛，一片白色。栽植养护管理简单。长三角地区农田边、山野都有分布。野胡萝卜的果实入药，有驱虫作用，又可提取芳香油。作为花境植物须控制其野性。

（21）**蒲公英**　学名 *Taraxacum mongolicumHand.-Mazz.*，别名黄花苗、黄花地丁、奶汁或苦菜等，多年生草本植物，黄花春夏开花，花期长，头状花序，种子上有白色冠毛结成的绒球，花开后随风飘到新的地方孕育新生命.因为具有较深厚的文化符号性，所以，需要驯化、开发，用于具有象征意义的特殊花境中。

（22）**马兰**　学名 *Aster indicus* L.，菊科马兰属多年生草本植物，秋花，蓝色，典雅，根状茎有匍枝，茎直立，高可达70厘米。嫩茎可食，即马兰头。极耐水湿，江岸被水淹没三个月后水退仍可迅速成活，喜光较耐阴，生性泼辣，非常适合花境矮生喜水地被使用。

（23）**万年青**　学名 *Rohdeajaponica* (Thunb.) Roth.，百合科万年青属具根状茎的多年生常绿草本，原产于中国和日本。在中国分布较广，华东、华中及西南地区均有，主要产地有浙江、江西、湖北等地。耐性极强，分生容易，是自然花境难得的低维护植物。

（24）**老鸦瓣**　学名 *Amana edulis* (Miq.) Honda，百合科郁金香属具鳞茎的多年生矮生草本，别名中国郁金香，大量成丛自生于上坡林下、路旁，最喜落叶植物下，利用冬春季落叶植物落叶短暂的光照完成发芽、开花、结种以及鳞茎的扩繁，耐阴耐贫瘠耐寒，生命力顽强，红粉色花朵小巧，摇曳多姿。非常值得早春花境使用。

（25）**臭牡丹**　学名 *Clerodendrum bungei* Steud.，唇形科大青属多年生落叶健壮灌木，高可达 2 米，植株有臭味，伞房状聚伞花序顶生，花朵粉红色，花开繁密，生长迅速，自播蔓延能力极强，既适合花境使用，又必须加以控制，防止疯涨和蔓延。

（26）**山麻秆**　学名 *Alchornea davidii* Franch.，大戟科山麻秆属多年生落叶色叶灌木，高可达 3 米，春叶、秋叶均淡橙红色，具有很高的观赏价值，花型特异。喜光耐旱耐贫瘠不耐水，适合花境中作为背景色叶灌木使用，因根系蔓延能力强，需要适度控制其蔓延。

（27）**云台南星**　学名 *Arisaema du-bois-reymondiae* Engl.，别名江苏南星、江苏天南星、云台天南星，天南星科天南星属一种野生型多年生草本植物，大多生活于山坡林下灌丛下，耐阴耐寒，主要分布在我国江淮江南地带。叶型花型奇特，春夏开花，具有很好的观赏性，花境耐阴植物很好的品种。

（28）**窃衣**　学名 *Torilis scabra* (Thunb.) DC.，别名破子草、水防风、华南鹤虱，伞形科窃衣属一年生或多年生草本，叶色翠绿娴雅，果实似苍耳但更细腻秀气，通过勾挂动物皮毛衣物而传播，具有明显特色，可在山坡上生长，耐旱耐贫瘠，生性泼辣，适合在特异花境中选用。

（29）**小窃衣**　学名 *Torilis japonica* (Houtt.) DC.，为伞形科窃衣属的植物。除黑龙江、内蒙古及新疆外，全国各地均产。生长在杂木林下、林缘、路旁、河沟边以及溪边草丛，比窃衣更秀气。

（30）**酸模**　学名 *Rumex acetosa* L.，蓼科酸模属多年生草本植物，竞争力强，可作先锋植物使用于荒地花境，高可达 100 厘米，花和种子形成密集的外观。自播能力强，需必要的控制，防止成为恶性竞争杂草导致花境其他植物的死亡。

（31）**韩信草**　学名 *Scutellaria indica* L.，唇形科黄芩属多年生草本植物，圆叶紫花，江淮地区漫山生长，植株高 20~30 厘米，4—5 月花开丛丛簇簇，海拔 300 米以下山地、沟渠边都有分布，具有很高的药用价值，喜半阴的林下，生性自然而耐性强，蓝紫色唇形花成排朝同一侧开放，非常优雅奇特，是很好的春夏花境植物品种。

（32）**鸡眼草**　学名 *Kummerowia striata* (Thunb.) Schindl.，豆科鸡眼草属一年生草本，自然生长茂密，野性强，具有自繁能力，适应性强，形成葱绿草坪，是花境难得的地被覆盖草品种。

（33）**白车轴草**　学名 *Trifolium repens* L.，别名白三叶、白花三叶草，豆科车轴草

属多年生草本，野生能力极强，往往成为农田杂草，有些地区作为草坪草。嫩叶可作蔬菜，在控制繁殖的基础上可成为花境较好的地被覆盖植物和背景植物。同属的有红车轴草、花叶车轴草等栽培品种。

（34）绵枣儿 学名 *Barnardia japonica* (Thunberg) Schultes & J. H. Schultes，百合科绵枣儿属宿根地被植物，鳞茎卵形或近球形。在长江中下游的丘陵山地中广泛分布，喜阳耐阴，野生能力强，春夏粉红色花朵繁密，观赏效果很好。

（35）益母草 学名 *Leonurus japonicus* Houttuyn.，唇形科益母草属一年或二年生草本，自繁能力强，耐水喜光，生长迅速，管理粗放，高可达 1.5 米。可作野生花境背景使用。

（36）狼尾花 学名 *Lysimachia barystachys* Bunge，报春花科珍珠菜属多年生草本，生长强健，耐贫瘠干旱，能耐一定的阴湿，秋花野趣盎然，如一片米白色狼尾，适合多年生秋花花境使用。

（37）青葙 学名 *Celosia argentea* L.，别名草蒿、姜蒿、昆仑草、百日红、鸡冠苋，苋科青葙属一年生野生草本植物。秋花粉红色具有较强观赏性，适应性强，自播能力较强，适合在秋花自然花境中成片种植。

（38）商陆 学名 *Phytolacca acinosa* Roxb.，商陆科商陆属多年生粗壮草本植物，生长强健，适应范围广，尤其是土层较厚的坡地上生长迅速，自播能力强，叶色翠绿，叶柄绛红，花序梗绛红。夏秋开花，花白色，总状花序。浆果扁球形，紫黑色。果序直立，似狼尾，花和果都具有很强的观赏性，是自然花境中很好的观花观果植物品种。

（39）魔芋 学名 *Amorphophallus konjac* K. Koch，古时名蒟蒻，今各地叫法不同，如蒟蒻芋、雷公枪、蒟蒻、鬼芋、花杆南星等，天南星科岩芋属多年生宿根植物，适应能力较强，耐阴，喜肥，生长迅速，株型、花型奇特，球根较大，花境使用简单，可烘托出奇异的观花效果。

5.3.2 常见野生蕨类植物

（1）紫萁 学名 *Osmunda japonica* Thunb.，别名高脚贯众、紫蕨、紫萁贯众、薇菜等，紫萁科紫萁属多年生草本蕨类，常生于山间林下溪水边，喜阴湿、凉爽环境。适合于花境荫蔽、近水处使用。

（2）芒萁 学名 *Dicranopteris pedata* (Houttuyn) Nakaike，又称铁狼萁，里白科芒萁属多年生草本蕨类，典型的酸性土壤指示植物。喜阴耐干旱耐贫瘠，适合在新建花境林下种植。喜酸性土壤——酸性土壤指示植物，故栽植时应选择偏酸性的红壤土作客土。

（3）井栏边草 学名 *Pteris multifida* Poir.，别名凤尾蕨，凤尾蕨科凤尾蕨属多年生草本蕨类植物，耐阴耐钙质碱性土壤环境，常生于极端阴湿的水岸边，20% 光照即可旺盛生长，除了可作为阴暗潮湿如洗手间、淋浴房、地下室等地方盆栽摆放以外，也是阴暗、潮湿、碱性等极限环境下难得的花境植物。

（4）贯众　学名 *Cyrtomium fortunei* J. Sm.，鳞毛蕨科贯众属多年生蕨类草本。耐阴耐贫瘠，低矮山坡背阴处常见，可作为阴性花境林下植物。

（5）里白　学名 *Diplopterygium glaucum* (Thunberg ex Houttuyn) Nakai，里白科里白属陆生蕨类植物，山地生长，耐寒、耐阴，生长旺盛，4月春芽三五成丛，具有较高观赏性，可在花境中作林下观赏地被使用。

（6）海金沙　学名 *Lygodium japonicum* (Thunb.) Sw.，海金沙科海金沙属少见的蕨类攀缘植物。野生性强，耐阴湿，羽状叶片清脆秀美，较耐冻，在江南地区冬季半落叶。适合作花境背景栏杆上装饰性攀缘植物，清秀典雅，文化气息浓郁。

5.3.3 推荐驯化、开发的水生野生植物

（1）菰　学名 *Zizania latifolia (Griseb.)* Stapf，别名茭白，禾本科菰属多年生浅水草本，具匍匐根状茎，植株比芦苇低且更秀气，感染真菌的茎秆即“茭白”，结的果实为“菰米”，秸秆可用于牲畜饲料和编织，为鱼类的越冬场所，也是固堤造陆的先锋植物。在花境使用中具有很高的“人文价值”和一定的观赏性。

（2）蘋　学名 *Marsilea quadrifolia* L. Sp.，别名四叶苹，蘋科蘋属一年生水生漂浮兼挺水植物，生长快，整齐秀美。江南省份常可见野生于水质良好的浅水区域，整体形态美观，花境水景浅水、湿地中可成片种植。

（3）荻　学名 *Miscanthus sacchariflorus* (Maximowicz) Hackel，禾本科荻属多年生草本植物，植株整齐，耐水耐寒耐旱，繁殖容易，秋景荻花整齐优雅，非常适合做秋景花境使用。

（4）三棱水葱　学名 *Schoenoplectus triqueter* (Linnaeus) Palla，别名藨草，莎草科藨草属挺水植物，植株挺拔，叶色翠绿，花果奇异，花境水景使用较为美观，但需防止过度滋生。

（5）黑三棱　学名 *Sparganium stoloniferum* (Graebn.) Buch.–Ham. ex Juz.，黑三棱科黑三棱属多年生水生或沼生草本，生长强健，适应性强。

（6）灯芯草　学名 *Juncus effusus* L.，灯芯草科灯芯草属多年生植物，株形清秀，开花奇特，可作花境水岸观赏草，也是中药材。

（7）蓼子草　学名 *Persicaria criopolitana* (Hance) Migo，别名半年粮、细叶一枝蓼、小莲蓬、猪蓼子草，蓼科蓼属一年生耐水植物，植株直立，高 10 ～ 15 厘米，低矮丛生，耐水湿，花开粉红连片，秀雅，水生花境较好植物。

5.3.4 推荐野生藤本

（1）乌蔹莓 学名 *Causonis japonica* (Thunb.) Raf.，别名五爪龙、五叶莓等，葡萄科乌蔹莓属草质藤本，自播能力强，生长极快，缠绕能力强，粉白聚伞花絮、纤秀卷须和秋冬黑色果实具有一定观赏性，可开发使用性强。

（2）鸡屎藤 学名 *Paederia foetida* L.，茜草科鸡屎藤属藤状灌木，山坡、林中、林缘、沟谷边灌丛中或缠绕在灌木上、栏杆上。多生长于气候温暖、潮湿的环境中，且耐寒、耐旱、耐瘠薄、耐水渍，适应性极强。观紫白色花、观赏橙黄色果。

（3）杠板归 学名 *Persicaria perfoliata* (L.) H. Gross，蓼科蓼属一年生草本，半水生，茎攀缘，多分枝，具纵棱，沿棱具稀疏的倒生皮刺。叶三角形。果蓝色。杠板归开发价值较大，集食、饲、药用于一身，不仅可以采集加工成可口的菜肴，也是优质畜禽饲用植物，正常食用、喂饲有利于人畜健康，还具有较高的药用价值。

（4）何首乌 学名 *Pleuropterus multiflorus* (Thunb.) Nakai，别名多花蓼、紫乌藤、夜交藤等。蓼科蓼族何首乌属多年生缠绕藤本植物，块根肥厚，黑褐色，形状似山芋。生山谷灌丛、山坡林下、沟边石隙，适应性强，易繁殖，叶色嫩绿可观，具有较好的园林景观价值。

（5）打碗花 学名 *Calystegin hederacea* Wall.，别名狗儿蔓、蔷秧、小旋花，旋花科大碗花属一年生缠绕藤本，植株缠绕纤细，初夏花开粉红或紫色喇叭状，非常美观典雅，开发使用价值极高。

（6）金樱子 学名 *Rosa laevigata* Michx.，蔷薇科蔷薇属常绿攀缘灌木，高可达 5 米，生性强健，花开 4 月，花大而繁茂，成片开放蔚为壮观，是极佳的廊架、花篱植物品种。在民间的花篱中偶见有使用，除非花季，多半会被误以为是常绿野蔷薇。

（7）栝楼 学名 *Trichosanthes kirilowii* Maxim.，又叫瓜蒌、药瓜等，多年生攀缘型草本植物，喜生于坡道、石缝之中，耐贫瘠，攀缘极高，果实秋季红色，具有很好的秋景观赏价值。其果实、果皮、果仁（籽）、根茎均为上好的中药材。

（8）菝葜 学名 *Smilax china* L.，百合科菝葜属多年生藤本落叶攀附植物，根状茎粗厚，坚硬，为不规则的块状。小球状聚生的果实黑色，悬挂于秋色中，具有很强的观赏性。在江南山林边缘、灌木丛中常见，民间被当成中药材。

（9）山莓 学名 *Rubus corchorifolius* L.f.，别名树莓、山抛子、牛奶泡、撒秧泡、三月泡、四月泡，蔷薇科悬钩子属直立落叶灌木，直立灌木，高 1~3 米；枝具皮刺，幼时为柔毛。生性健壮，喜光，较耐阴，春季花开白色而整齐，花朵大，全株白色花雅致可观。

（10）高粱蔗 学名 *Rubus lambertianus* Ser.，别名高粱泡，蔷薇科悬钩子属半落叶藤状灌木）生长在山地，喜阳光，耐半阴，生长强劲，广泛分布在江淮地带的山林中，春夏季白花，秋冬季红色果实满山遍野，非常壮观。适合山地花境使用，但是野性过强，花境驯化和使用需控制杂生过多。蔷薇科野生性比较强，但具有一定观赏价值的还有蓬藟、悬钩子、茅莓等，值得作一些实验性探索，控制其蔓延泛滥的情况下，很有价值，可以用于花境背景，有防护作用的刺篱效果。

（11）忍冬　学名 *Lonicera japonica* Thunb.，别名金银花，忍冬科忍冬属多年生半常绿缠绕灌木）有红白忍冬、金叶忍冬、金脉忍冬等变种。野生性强，适应能力强，适合多种环境使用，可作香花绿篱，用于花境背景墙中。

（12）白英　学名 *Solanum lyratum* Thunberg，为茄科茄属草质一年生藤本，山地、溪边、石砾和草丛中都能生存，全国地域分布广泛，喜光耐瘠薄，藤蔓性不强，但是肥水充足时生长极其旺盛，4—5月开花，9—11月结果，浆果红转黑，具有一定的观赏性以及药用价值，是花境中不错的乡土观花、观果藤本植物。

（13）萝藦　学名 *Cynanchum rostellatum* (Turcz.) Liede & Khanum，萝藦科萝藦属多年生草质藤本植物，藤长可达8米，具有极强的繁殖、攀缘能力，花型奇怪，蓇葖果，纺锤锥形具有一定的观赏价值和药用价值。

（14）千金藤　学名 *Stephania japonica* (Thunb.) Miers，防己科千金藤属稍木质藤本植物，生长迅速，适应能力强，缠绕攀缘能力强，叶型心形，叶色翠绿，成片覆盖篱笆墙，极具观赏价值，适合作花境背景墙使用。

（15）木防己　学名 *Cocculus orbiculatus* (L.) DC.，防己科木防己属多年生木质藤本植物，适应性强，春季萌发，生长攀爬迅速，叶型优雅有趣，攀缘茎木质丝状，秋季果实黑色，可作野生花境攀缘品种。

除了以上笔者简单观察、尝试使用过的一些野生植物外，自然界中还蕴藏着大量具有驯化、利用于景观，适合做花境的植物，需要我们耐心去发现、观察和驯化，更需要有足够的耐心去培育、杂交，在使用的过程中更不能急于求成，也不能太过单一，要尽量符合自然规律，创造条件使各种植物最佳的生长状态呈现给观赏者，才能达到最佳的花境设计和建造效果。

还有一些花期短，株型小的野生花卉植物，常被忽略，实际也具有一定的开发、使用价值。如春季开花的小毛茛、毛茛、点地梅以及叶型奇特的鸡眼草等。黄鹌菜、刺儿菜、苦荬菜和泥胡菜，4月底5月初的时候在江淮地区达到盛花，花期能达到一个月左右，开发使用得好，是杜鹃等主流花卉花后一种很好的花境植物。薜荔、络石、南蛇藤等传统野生藤本已经逐渐使用于墙体、缠绕绿篱等景观和花境中。野豌豆、野黄豆、葛藤在自然荒草丛中往往具有很强的竞争优势，可以在人工控制下进行驯化和利用，对于

景观背景具有一定价值，同时也有利于改良种植地土壤。

总之，花境植物的选择和应用，似乎是最简单的"小事"，但实际实施过程却是个系统工程。既要考虑时间跨度，也要考虑地域跨度，更要考虑地被、宿根植物的优点和缺点，以及最佳观赏期（花、果、叶等）。而且，生态演替是一个无法回避的现实，无论是个体还是群落，随着种植时间的推移以及环境的变化，花境植物不可能一直保持最佳状态时的效果——完全从人类欣赏的角度衡量的观赏或者生长效果。

这就要求花境建植和管理者有足够的实践经验和眼界。

野益母草

野豌豆

野苎麻

野生鸡屎藤　　　　　　　　　　　　　野生马兰花

野豇豆藤　　　　　　　　　　　　　野生南蛇藤

野枸杞　　　　　　　　　　　　　灯芯草

接骨草（花）

萝藦

蛇莓

野薄荷

野苘麻

野生白鲜

野生打碗花

野生冬珊瑚

野生高粱泡

野生葛藤

野生瓜蒌

野生孩儿参

野生海金沙

野生虎掌

野生韩信草

野生槐叶蘋

野生积雪草

野生稷

野生金樱子

野生刻叶紫堇

野生荔枝草

野生蓼子草

野生茅莓

野生绵枣儿

野生魔芋

野生泥胡菜

野生荠苨

野生千金藤

野生牵牛花

野生前胡

野生山莓

野生水鳖草

野生苔草

野生天葵

野生铁线莲

野生西北荀子

野生夏枯草

野生一叶萩

野生蔄草　　　　　　　　　　　野生紫背金盘

野豌豆　　　　　　　　　　　　蘡薁

鱼腥草　　　　　　　　　　　紫云英和黄花苜蓿草

第五章　花境施工

园林景观工程中策划、勘察和设计是施工的前提条件，是前置工作，而养护管理是施工的后续工序，各个工序相辅相成，互为因果。其中建造施工最为关键，是承上启下的核心步骤，花境亦是如此。施工程序、施工组织必须科学合理。

 施工流程

1.1 现场查勘

施工前查勘现场属于设计前踏勘之后的二次踏勘，重点关注花境建造区域的环境条件。

第一，通过资料查阅和网上数据获取当地气象数据，尤其是降雨量和积温等条件，这决定花境所选用的花卉植物范围。

第二，种植地光照是否充足或适当，周边建筑物遮挡情况如何，最好能获取或推测（或借助日照模拟软件计算）出该区域一年四季、一日早中晚不同时段的光照情况，为花卉植物种植提供基础依据。

第三，了解种植地的空气流通情况，主要是为获取空气湿度状况，花卉植物生长受湿度影响很大，包括对病虫害的影响。小气候的细小差别需要在整理以上数据的基础上，结合微气候模型分析，得到较为准确的数值，为施工和养护提供依据。

第四，土壤也是现场查勘的重点工作之一。土壤的质地、酸碱度、肥力等，如果不能满足要求，则需客土回填或土壤改良。相关措施应因地制宜，节约、有效。

第五，了解种植地的地下水状况以及其他因素，根据踏勘结果进行必要分析和应对。

整理现场查勘资料，形成立地条件报告，提出设计反馈意见和后续施工建议。

对于明显不符合花境栽植的情况，需及时反馈给设计人员，会商解决，或修改设计等，以确保花境建设效果和后期有效存续。

1.2 施工准备——人力、机械、材料准备，针对性的施工组织设计

人力资源准备工作需要进行施工前培训，包括安全、目标、制度、技术等培训，还有花境专项施工技术交底，最好邀请建设方和设计师等共同交底。

材料准备中涉及花卉植物的，需要提前选苗、订苗，确保做好施工供苗准备。最好是直接到圃地选择花卉苗木，确保花境栽植质量和效果。

很多苗木需要用盆栽苗，尤其是遇到生长季节栽种、反季节实施、高温天施工等情况时必须使用盆栽苗。

对于新引进的花卉品种，最好用在圃地驯化一段时间的苗。

对于异地供苗的，运输时间要尽量短。运输时要注意包装，防止损伤。要保持必要的苗木湿度，防止长途运输导致失水，造成栽植成活率降低。

还有，花境的施工组织设计相对简单，重点是针对环境条件编制有针对性的施工措施，比如安全防护、成品保护、环境保护、质量保障、材料保障、栽植要点、应急措施、后期维护和文明施工等方案。

1.3 放线和栽植

一般而言，对于大尺度花境，需有必要的坐标和高程测量，以便放线。小尺度的花境可根据现场实况因地制宜地确定定位点，放线和破土施工。

栽植是园林工程施工的最基础工作，花境亦是。花境所选用花卉材料多脆弱、娇嫩，栽植时要特别注意以下几点：

一是珍惜花卉植物，严禁粗暴施工。

二是栽植深浅适当，过深易烂根，过浅易倒伏。

三是栽牢、压实，防止不密实导致的倾倒和根系失水。

> **小贴士**
>
> 很多花境中还需要配置假山石材、景观雕塑、灯光、喷泉（跌泉）、雾森或者绿篱墙、砖砌景观墙以及其他铁质、木质、竹质、草质的景观小品等。这些附属设施需要根据国家相关行业施工规范组织实施，严格遵守相关标准，确保安全和质量，尤其是涉及建筑结构、水、电等专业，施工单位必须具备相应的资质和能力。
>
> 辅助设施施工工序须合理，有的是同时施工，有的是提前预埋、预置。

施工前（原花境）

花境施工中（南视角）

花境施工中（西视角）

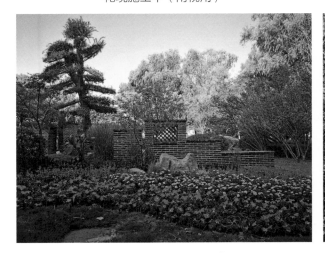

花境施工后（东北视角）

花境施工后（南视角）

花境栽植施工

花之境
花境文化与实践

1.4 栽植后管理

栽植后还应注意花境的管理工作，如修剪和浇水等。

1.4.1 修剪

修剪是园林栽植后最重要的工作，因根系在施工中不可避免或多或少地受损，栽后修剪能尽量维持新栽植物的体内水代谢平衡。

通过修剪降低地上部分体积、重量和松散度，能尽量避免新栽植物倒伏。有时，根据植物生理特点和实际需要，根系也可以作必要的修剪。

栽后整形修剪能调节花境景观的整体观赏效果，实现设计意图，同时也能为花卉植物未来生长预留空间。

> **小贴士**
>
> 修剪必须要适度，修剪工具要恰当、合用，修剪操作要避免对植物造成过多伤害。修剪前需要科学及时地对修剪工具实施消毒，事后对植物修剪伤口进行处理，谨防修剪传播病虫害。

1.4.2 浇水

灌溉技术直接关乎植物生长，浇水看似简单，却是事关花卉植物的成活、生长的关键步骤，需要十二分的仔细。

常言道：三年学种花，一年学浇水。

水浇得好不好，只有植物自身知道。而植物无法与我们直接交流沟通，所以我们只能通过对植物的"察言观色"，科学总结、测量等方法，根据植物的反应来判断浇水的效果。辅助仪器有空气湿度计、土壤温湿度计、土壤 EC 计等（相关仪器使用说明书都有详细的介绍）。

概括而言，浇水要注意几个方面：

1.4.2.1 水量

要根据花境植物生长适合的土壤相对含水量来确定浇水的量。科学区分陆生、水生和湿生植物，有针对性地浇水。

尤其值得注意的是即便水生植物，在刚开始移栽的时候也要适当的控水，促进其根系稳定和萌发。即便是陆生植物，在快速生长、气温较高等条件下，其根系土壤相对含水量要求也较高，缺水对生长影响很大。

刚移栽的花卉植物，首次浇水——"定根水"，需要浇透，否则土壤干湿不均，难以密实，不仅不利于根系充分融入土壤，也容易造成不均匀沉降，拉断植物新生的毛细根。

定根水要浇透，并不是说浇得越多越好。

浇水过多，导致土壤浸泡板结、团粒结构变差、土壤含氧量减少，根系呼吸不畅，同时因土壤微生物厌氧呼吸产生有毒有害物质导致伤害植物根系等问题。

原则是定根水要浇透，浸润一定时间（20~60分钟）后水自然下渗，根系所在的土壤层中不再有流动水和积水（土壤相对含水量在30%~60%之间）。

浇水的多少，与植物生理习性有关，与植物生长状态有关，也与环境温度、空气湿度有关，更与土壤质地有关。需要养护管理者综合平衡，科学、合理。

最佳的栽培土壤是整体疏松透气，具备必要的保水保肥性能，又不易积水。

1.4.2.2 水温

水温是否合适也是浇水的重要注意事项之一。简单的衡量方法就是要求浇水所用水的温度和当时土壤温度相近，这样做是为了不因浇水破坏土壤温度环境，不因浇水导致土壤热胀冷缩从而拉断植物毛细根。

如果是喷洒式浇灌，水温最好与植物枝叶、茎干，以及表皮的温度一致，防止因浇水导致表皮开裂。夏季、冬季浇水，尤其要注意这一点。

1.4.2.3 水质

一般来说，植物对水质要求不高，但是不能用污水，也不能用过酸（pH值小于5.5）或过碱性（pH值大于7.5）的水浇灌。鼓励使用自然地表水体里的洁净水、中水浇灌。

> **小贴士**
>
> 为了防止因浇水水温不恰当对花卉植物生长带来伤害，如果是高温的盛夏时节，施工、养护人员多采用早晚浇水来避免温差，特别是在高温季节的白天晴天，阳光强烈、气温较高的时候不宜浇水，而多是在早晚甚至夜间浇水。

1.4.2.4 频率

浇水频次依照气候环境和植物生长状况而定。栽植后定根水浇透，然后根据土壤含水表征以及植物生长状况确定再次浇水时间，原则是"不干不浇，浇则浇够"，不能出现积水的情况，也不要浇得半干半湿，造成花境土壤沉降不均和植物生长不良。

1.4.2.5 灌溉方式及其他要素

一般而言，在多种灌溉方式中，滴灌最佳。节水、方便，且不容易导致地表径流、土壤板结、营养流失等问题。而且滴灌更容易与施肥和病虫害防治工作同时实施。

植物、土壤和气候环境三者之间的关系决定了浇水的方式和方法。

根据笔者观察、分析，现代智慧园林采取的自动喷灌灌溉技术，虽然有一定的效果，但是却不尽如人意。之所以遇到诸多难题，在园林景观包括花境实地使用中始终无法取得理想的效果，最主要有以下方面原因：不同的植物对于水环境的要求不同，同一种植物不同生长时期对水的需求也不同，不同的环境条件下对水的需求也不同，这给智慧园林的感应和检测带来了巨大挑战，导致效果不佳。

另一方面，除非是设施栽培，一般园林景观，适当的逆境，可以使植物在生长中得到必要的锻炼，增强抗逆性和降低病虫害发生。而智慧喷灌灌溉系统很难达到"练苗"的栽培管理效果，容易使植株抗逆性变弱。而实际生长环境中特殊气候的出现几乎难以避免，比如极端高温、低温、干燥风等，即使极端气候发生的时间极短，也可能击穿智慧园林提供的养护保护措施，足以将全年或几年的养护管理努力毁于一旦，因为智慧园林系统难以抗衡极端气候，所以在安装了智慧喷灌系统的园林中反而损失会更大。

> **小贴士**
>
> 植物生长离不开水，不但与土壤相对含水量有关（根系吸收水分），也与空气湿度有一定的关系（叶片、茎干也吸收水分）。有时为了实现植物的最佳生长效果，不但根系要补充足够的水分，植株周边空气环境也要维持足够的湿度。这时，单靠滴灌就不能完全满足需求，需要必要的设施辅助，如架设温室、棚架或喷雾设施等。

从栽后管理到新栽的花卉植物恢复正常生长、适应花境所处环境（验收合格）后，即可转入日常的养护管理状态，包括拆除不必要的支撑、遮阳的设施和裹干的草绳等，转入常规养护、长期养护状态。

案例分析
——公园内十字路口节点小花境建造实践案例

2.1 建造说明

本案例属于典型的公园内市政道路侧节点型小尺度多面观花境。建造的原因是原有市政道路绿带景观无法满足功能和品质要求，须实施提升。通过在此市政道路十字路口建植节点型小型花境，为周边星级酒店、大型喷泉广场、省级大剧院等城市地标建筑配套功能和品质恰当的景观环境。

质量要求是设计建设的花境景观观赏效果好，有一定的地标特色和市政功能，具有与周边建筑相匹配的景观品质和景点文化氛围。

因场地限制以及投资限制等原因，本案例采用的是在原有绿化地的基础上进行适当改造出新的花境实施方案。

原有绿地属于公园绿地边缘的一处条带状花带，由多种一年生草花更替种植形成的模纹花坛。虽然草花艳丽整齐，但是品种和色彩过于单调，养护管理投入较大。艺术设计上平面布局和竖向高差都过于平庸，缺少文化和设计内涵，包括缺少季相动态效果等，不具备地标指示等市政功能，无法与道路及周边建筑品质相匹配。另外，花带靠近路边，遮挡交通视线，有安全隐患。

本案例改造建设花境时充分利用原有地域、地形，无须大量的土方回填、倒运，节省了投资。同时保留了一些背景植物、石头等景观材料，成型快，见效快。新建花境中丰富的宿根和花灌木花卉植物，在不同生长时期表现出不同的性状，丰富了视觉效果，且引进了多个宿根开花植物搭配栽植，形成了丰富多彩的季相效果等。同时，整体向后退让，改善了市政道路交通视线，有利于交通安全。

但是，缺点也较明显，比如保留的原有主景置石过大、过平，无法完全满足新景观需求，所选用的主景树柞木 [*Xylosma congesta* (Loureiro) Merrill，大风子科柞木属常绿大灌木或小乔木] 株形与环境匹配度不高，后期弥补、更换难度较大。

还有就是受制于原地形和场地风格，新建花境的总体风格难以有大的突破和改变。

另外，土方没有更新，原有土壤带菌，会给改建的花境带来病虫害隐患。一般情况下，花境花卉植物栽植，有条件的尽量更换、更新或改良土壤，恢复土壤肥力以及减少宿存病虫害危害。

本案例由笔者牵头策划和初步设计，养护管理承包单位深化设计和组织施工，监理单位实施监理，笔者作为建设方全程参与设计、施工以及后期质量监督，并就策划、设计、施工和维护等工序的技术要点向市园林行业从业者现场授课，包括现场实操演示等。

2.2 建造目标

2.2.1 提升功能

2.2.1.1 交通（安全）功能提升

新建花境将原草花花坛后片植的红叶石楠、海桐球、红花檵木等灌木绿篱迁移走，主景后退，且降低主景竖向植物高度，消除了十字路口拐弯、交汇车辆视线被遮挡所带来的交通隐患。

2.2.1.2 指示功能提升

原道路和景区标识因为植物遮挡，以及设计色彩不显眼，指示功能不足。本案例通过花境景观中配套的标识墙，可安装艺术而清晰的指示牌（具备夜间增加灯光亮化条件），达到显化指示标识的作用。

2.2.1.3 地标功能提升

因处于多处重要城市设施的十字路口，地标功能不足给行人定位、表述带来困扰。花境建设后采取命名（如喷泉花园、喷泉花境等名字）和安装地名牌的方式提升地标功能。

城市园林景观建设时往往附着一定的功能要求，比如交通安全，设施防护，地标指示等，应该首先得到满足，否则就有可能带来意想不到的功能缺陷。本花境建设带有一定的十字路口花岛效果，科学的退让、控高，大大提高了交通安全以及提升了地标指示能力。

2.2.2 美化环境

通过节点花境建造，在视觉中心点形成色彩绚丽夺目、形象美丽大方、线形简洁优美的小型景观中心，通过点睛之笔，周边环境得到整体提升。

本花境花卉植物量达到一定的比例（一般在 30% 以上），最好能实现每个季节都有花开。

在南京，露地花卉做到一年三季有花已经是很不容易了，所以，有必要在花境中充实一定量的盆栽草本花卉（30%~40%），定期更换以便达到四季有花的目的。局部使用彩色有机覆盖物为越冬、越夏植物保留生存空间，同时确保景观品质不降低。

2.2.3 优化生态

新建花境丰富了植物品种，提升了区域生态效益。

生态理念应该覆盖园林景观建设的全过程。

本花境设计和建造充分尊重和运用生态理论知识、植物生理知识，并灵活运用。

新建花境引进新品种数量不可太多，花卉种植密度不宜太高，花卉的竖向高低搭配、品种共生以及拮抗等生理要素综合统筹，以及局部使用彩色有机覆盖物（或者白石子、碎石等）为越冬、越夏植物保留生存空间，且涵养雨水，透气吸热。

2.2.4 景观文化

挖掘文化内涵，选择设计元素，体现设计主题。

在综合分析本区域地理、景观文化要素的前提下，花境中新设了青砖的砖砌景观背景墙，背景墙凸显了此地老地名"徽州滩""螺丝桥"等原地理标识文化——传统徽派、中式风格。三片景观墙设计成高低错落、进退转折风格，采取了极简的现代布局方式，呼应周边酒店、喷泉等现代建筑和设施风格，且与东侧较远的省大剧院形成今古对话的景观艺术情境。

2.3 策划和设计

与一般园林小品的规划设计一样，花境策划设计需要充分了解和运用好各种软硬件背景、环境要素，尤其是气候、光照、水文、土质，以及区域风俗习惯和人文、地理文化等，科学配置和建造，满足功能并达到预期的景观设计艺术效果。

本花境策划、设计主要考虑的要素有以下几点：

2.3.1 宏观背景

本花境位于南京滨江风光带（公园）重要区域，周边有大剧院、大喷泉、左岸花海等地标性景观，尤其是紧邻高档酒店。

2.3.2 微观环境

处于交通道路的十字路口。因为以上宏观环境导致微观环境中交通流量较大，既有大流量的车行，也有大流量的游客。既有本地客流，也有外地客流，所以，花境设计需考虑安全、指示、美化、地域文化展示等功能。

另外，本花境案例属于城市新区公园内，和老城区、中心城区广场等城市中心的地标节点花境有很大区别。本花境的风格应更细腻——车行欣赏和步行欣赏兼顾，自然和规则风格融合，尺度小巧。

2.3.3 建设目的

提升环境质量，兼顾景观功能和艺术性。

形成明显的景观节点，地标路口和美丽花岛。

2.3.4 设计手法

传统和现代风格兼具。

简洁流畅的景观线条，新颖的花卉植物，艺术的平面布局和竖向高差，配合使用一

些硬质景观墙和园林艺术装置。本案例使用砖砌景墙、置石、标识牌等。

2.3.5 艺术设计

兼顾短期效果和长期效果，外观和色彩，动态和静态等。

本案例形成新的节点景观花境，将原花带中一些长效化景观要素保留或提升，并且对地形也进行了提升改造。

在设计中，用景观墙、置石、标识牌——静态、不变的元素衬托不断生长变化的花卉植物、草花，形成动静对比。

用草花——近期，宿根植物——中期，灌木、乔木——长期，合理配植，形成短、中、长三个时序效果的兼容和对比，包括形成季相变化。

宏观尺度上花境的占地面积与道路、周边设施协调、呼应。

平面布局的曲线与景墙的直线形成对比，刚柔兼具。

2.4 施工组织

2.4.1 施工准备

包括查勘现场，设计交底，施工组织，人力和物资准备，场地准备等。实质性进场后，根据设计图纸和现场情况，放线，塑造地形，土壤整理，栽植准备等。

2.4.2 预置配件

为了凸显效果，花境设计中增加了背景景墙。景墙采取青砖错缝砌成，24墙，白石灰勾缝，黑白底色形成素雅背景，衬托花卉颜色。

同时景墙可以附着生长**三叶地锦**、**络石**、**凌霄**等垂直攀爬植物，丰富景观。冬天可挡住西北方向的寒风，形成良好的微气候，保护花境花卉越冬，增进生态稳定。

景墙上可以附着安装指示牌、景点铭牌等功能设施。

2.4.3 主景设置

中心高地上以造型榔榆（后替换成柞木）、**鸡爪槭**、**针叶芒草**、**水果蓝**、一些常见的其他宿根植物、草花、草坪等植物形成乔木—亚乔木—灌木—观赏草——一年生草花等复层植物群落，再配置湖石，形成自然式风格的一处小尺度花境，微型景观。

2.4.4 协调统一

这是最难把握的一点。

在前期充分现场踏勘和调查的基础上，设计花境同时即充分考虑借用外围环境，形成整体景观效果。如借用喷泉广场周边的高大林带、行道树等形成防风林，结合施工时必要的延伸修剪、局部植物迁移，最终协调配合，将整个大环境融合形成一个有机的整体，新增的花境成了其中画龙点睛的一笔。

设计时注意周边道路通行功能的协调，交通视线通透性的协调，标识、指示功能的协调，力求做到兼顾多种必要功能。

2.4.5 艺术效果实现

对于步行的欣赏尺度与车行的欣赏尺度都有考虑，尤其注意车行安全尺度，进行必要的退让，必要的视觉延长，必要的大块面景观（原大花马齿苋魔纹板块，改为马尼拉草坪为主背景板块）。平面流线优美，竖向地形高差，主景树高度，景墙高度错落，景墙的掩映遮挡，景墙上设窗户形成的视线透与不透，背景的借景与烘托等，综合艺术效果的运用，已经超越了简单的花境设计本身。

2.5 花卉配植

2.5.1 品种

在花境植物的品种选择上应注意本土化与新颖化。

主要加入了**彩纹美人蕉、矮蒲苇、坡地毛冠草、紫狼尾草、重金柳枝稷、山菅兰**等新兴宿根观赏植物。

还使用了**茶梅、金叶女贞、红叶铁、袖珍椰子、花叶青木**等常规常绿、彩叶背景植物。

一年生草花则主要使用**一串红、矮牵牛、孔雀草**等，实时更新。

第五章 花境施工

不要忽视奇花异草等花卉的适当使用，但是一定不要太迷信各类新奇花卉，因为难以持久，且有环境和适应性的风险；花境视觉美的科学设置——主景、前景和背景，色彩的对比，软质与硬质的协调，直线与曲线，动与静的对比等。

2.5.2 效果

花卉配置要考虑所选植物的花朵形状、色彩以及高度等外观特性，还有其生理特性等。

所谓合理配置，应在首要关注观赏艺术效果的前提下，深层次考虑其生长特性和管理难度，力争花境效果能够长时间保持较高水平。

2.5.3 栽植

在选好苗的基础上，栽植时必须爱护苗木，合理操作，提前完成土壤整理、除草、杀虫杀菌、施用基肥，墒情控制后抓紧栽植，合理的专项方案，合理密度等。

2.5.4 修剪

栽植后修剪及时适度，科学合理，为恢复生长奠定良好基础。
保持后期维护的持续恰当修剪以促进花境始终保持较好的效果。

2.5.5 栽植收尾管理

场地保洁，浇水和必要的遮阴等，做到收尾细致，验收严格。

2.6 辅助设施

2.6.1 小品

比如各种雕塑和艺术装饰，还有城市家具，如休闲座椅、垃圾桶等。
根据花境的位置和功能需要，科学增设一些小品对于提升其艺术效果具有重要的作用。

2.6.2 其他设施

比如观景台、拍照点等观赏设施，还有管理设施，如喷灌设施、雨水收集排泄系统、修剪通道等。

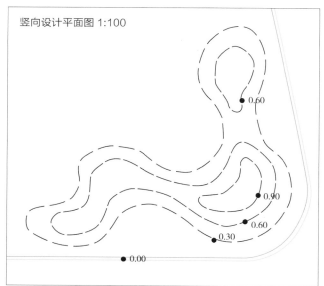

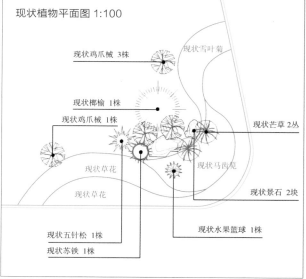

设计图纸

2.7 日常维护

首先是花境及周边的清扫、灌溉、围护，以及草花的实时更新、修剪，有些宿根植物适时作必要的分株重栽，以及追施肥等。

其次是根据实际需要，增设交通指示牌、景点介绍铭牌、各类市政标识（如消防、应急）等，有些标牌可以科学附着在景墙上，也可以安装照明设施，以便凸显夜间景观效果。

本案例花境，在完成施工验收后即纳入景区统一管理，包括肥水管理和病虫害防治、修剪、更新等，始终保持了较高的观赏效果。

原魔纹花坛

改造过程 1

改造过程 2 景墙花窗

改造过程 3 景墙砌筑

改造过程 4 花境栽植

第六章　花境养护管理

园林行业"三分栽七分管"的通用口诀于花境也基本适用。所以说，后期养护管理水平对于花境存续时间和景观效果尤其重要。各个花境，因植物种类、所处环境和尺度等要素的不同，其养护管理也应有所区别，需要养护人员因地制宜，采取针对性养护措施。

 花境养护管理概述

相较于设计"以人为中心"的理念，和其他园林景观的养护管理一样，花境养护管理需要"以植物为中心"，协调花卉植物与环境要素，在此基础上尽力按照观赏者需求将植物最佳性状呈现出来。

相比较于乔木灌木而言，花境的主要组成植物素材——草本花卉植物的生命周期更短，寿命更短，更迭频率更高。即便使用宿根、球根花卉植物，随着分蘖和其他生长期的演进，其地上、地下植株会逐渐出现拥挤和恶性竞争，必要营养元素的逐渐不足或耗尽——地上、地下生存环境

小贴士

这种较快的衰退情况，是花境的最大弱点，也是养护管理最难克服的难题。

经常能够见到，乔木、灌木类在整个生命生长周期中会出现前期的离心生长和后期的向心回缩的不同状态。一些长寿树种，如松、柏、银杏、楠木等，在多方面因素共同作用下，生长到一定年限后根系不再会无限蔓延，植株也不再扩张，而是进入较低的生长凋谢状态，除了生殖生长比例增加外，常常会出现局部枯萎和重新萌生新枝、叶、根芽，以及"乳株"等奇异的现象，实现"重生"的效果。这是植物自我保护、自我适应、自我更新的表现，是生态、生理规律。而矮灌木、草本植物，因为生命周期短，生长代谢迅速，地下根系分布较浅表等原因，则需要以品种混杂、土地更新、（地下、地上的）外因（如土壤中动物、微生物的活动）辅助、气候稳定等要素来实现其野生花境生态新陈代谢、动态更新效果。这些生理、生境原理，在花境后期养护管理中需要深刻理解和科学应用。

退化，如果养护管理中不能适时地、有针对性地采取措施，进行更新、分栽，或者采取间苗、换土、施肥等养护管理方法，花境植物会出现急剧衰败的情况。

为了克服花境较快衰退的天然弱点，园林工作者采取多种措施，予以缓解、化解、回避，或者克服。

 # 2 花境养护管理措施

2.1 优化植物材料

为了延长花境的存续时间，可酌情使用乔、灌木代替部分草本花卉。

为了延长存续时间和最佳效果，后起之秀的花境也会和其他园林景观形式一样，在植物材料选用中经常将一些小乔木或者具有很强乔性的花卉植物当成灌木或者绿篱来使用，最典型的就是石楠（包括椤木石楠）、女贞、桂花、法国冬青、檵木（红花檵木）、红叶石楠、火棘、紫荆、木槿，甚至是紫薇、香樟、龙柏等，人为地进行矮化、修剪、控制高度，成片密植，最终将乔木类控制成了"异化"的花灌木或绿篱。

此种应用手法应是受到传统园林艺术门类盆景技艺的启发，采用此传统方法的优势是一方面拓宽了花卉植物用材的渠道，丰富了可用品种。另一方面，因使用的大多数都是本土和经过多年推广使用的本地适生成熟乔灌木品种，所以，其稳定性、适应性较高，景观效果也不错。但是，缺点是乔性很强的植物其竞争性也较强，对于周边植物具有侵略性，对于片植区域内的同品种植物也有较强的内部竞争性，种植数年后会导致片植苗内部大量脱脚，老化，形成所谓的"老头苗""僵化苗"，其性状表现以及抗逆性都会大大降低。再要遇到极端干旱、积水和高温、低温伤害，就容易成片死亡或者罹患病虫害，给园林景观造成损失。

2.2 采取针对性措施

解决花境退化较快的问题，除了适当使用乔木（或乔性不强）、灌木代替部分球根、宿根、草本花卉外，还需要综合采取一些针对性的养护管理措施，包括及时合理的修剪和强化肥水管理等。

花卉植物都是生命体，不是纯粹的实验器材或者生产对象，我们不应像对待无生命

的石材一样冷冰冰地对待植物。花境施工和养护管理也是如此，否则，违反自然规律的花境建植最终的结果只能是无功而返，费钱费力。

根据花境的特点，针对性的养护管理措施包括：

2.2.1 合理的种植密度和足够的土壤厚度

设计和施工时，留足生长空间，同种植物植株之间，不同植物团块之间，都要留有一定间隔，包括平面布局上的空档。还要有足够的土壤厚度，给花境花卉植物自我增殖、更迭和消解竞争留足空间。

2.2.2 及时、科学地修剪

修剪时需结合向心回缩原理实施，适当年份，花后或秋冬季节进行大修，保留主干，形成理想的骨架，再次萌发后实现设计效果。而且，为了防止脱脚现象形成，在设计的时候需要降低片植单元的尺度，对于一些大面积种植的色块式花境景观，可以在其中巧妙地设置修剪、养护通道，增加透光，防止脱脚，便于养护管理，同时也降低因密闭不通风导致的病虫害爆发等问题，一举多得。

花后修剪要及时，除非留种所需，一般都是花败随即修剪，除防止消耗营养以外，还能降低植株密度，防止倒伏和遮盖。

修剪手法，除了短截外，还有去顶，曲伤，疏剪花朵、果实或植株平茬等方法，确保整体花境的健康生长。

2.2.3 分栽、间苗等更新措施

宿根、球根花卉植物，地下块根、块茎密集会严重影响生长，包括降低开花量、花朵大小等。需要及时进行人工干预，比如移栽、分栽、间苗等。

2.2.4 改良土壤或更换种植土

根据土壤深度和植株需求，必要的改良土壤、更换土壤，能较好地解决花境种植地老化的问题，给花境带来新生。

目前园林工程施工规范一般要求种植乔木、灌木、草坪地被的种植土深度分别以150厘米、90厘米、30厘米为标准。这样的标准只是普通生长标准，而非长期、旺盛生长所需求的标准，实际使用中要进行适当的增加、放量。

目前很多屋顶花园的设计建造，人防工程等建筑顶面上的栽植，受到"盆栽"效果的误导而做出错误的预设，以为只要有土就能成活——存在着静态思维的问题。笔者经过持续10年以上的跟踪和调查，屋顶、人防顶绿化景观或多或少都有植物生长不良、过

早老化等问题出现，远远达不到常规绿地栽培的长久效果。

　　具体到花境的设计和建造，错误的理论认为有 30 厘米厚土壤就能保证花卉植物长期生长所需。实际上，花卉植物栽植和管护，我们最好让栽植土壤接"地气"，与深厚的大地土壤连通，且形成良好温度、水分、地下动物、微生物等的联通，有一定的密实度、团粒结构等，才能确保长期效果。

　　花境类似盆栽式植物栽植的优缺点，笔者有过深刻的经验、教训。比如屋顶花园、人防设施上的植物栽植，包括花境建造，首先必须严格选择适应性和耐受力极强的植物品种，耐旱、耐寒是两大必备要素，否则很难长年存续，尤其是遇到极端天气的年份，很可能会遭遇灭顶之灾。

　　另外，对于使用南方植物可能出现的隐患也须注意。光照和水分习性，以及根系深浅对抗风抗倒伏、抗干旱的适应性都要谨慎。例如 2016 年福建厦门沿海地区，尤其是鼓浪屿，台风对于城市园林树木造成了极其严重的影响，大量榕树类古树名木受损甚至死亡，这从一个侧面反映南方树木为了适应多雨水的气候特点进化出浅根系的生理特征，冠高比较大，抗风能力较弱。而北方、缺水干旱地区的植物生理进化得多为深根系，冠高比小，抗风抗倒伏和耐旱能力较强。

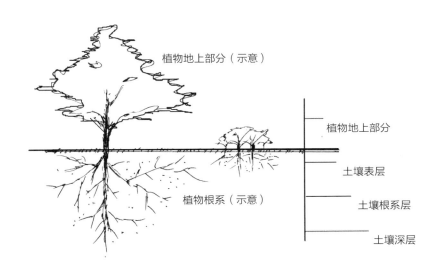

植物地上部分（示意）

植物地上部分

土壤表层

土壤根系层

植物根系（示意）

土壤深层

土壤是植物的物理（机械）支撑。
土壤更是植物生理、生化和生存生态环境的基础。不但理化性质要好，而且土壤厚度也必须足够。
植物的生长不但与直接接触的土壤有关，也与整体土壤综合性状有关，包括不直接接触的土壤等。

植物与土壤关系示意图

2.2.5 有针对性的水肥管理

可与修剪分栽等措施同步实施的就是加强肥水管理，肥水量适当加大，基肥和追肥兼顾，薄肥勤施。

在土壤足够深厚、优质的前提下，结合更换花境中一两年生草花的时机，增施复合肥，甚至更新部分土壤，使花境始终保持较高的土壤肥力环境，促进花开不断。

浇水时借鉴设施栽培技术，配套必要的自动喷灌或滴灌设施，夏季喷雾降温，防止干热风造成伤害。冬季严寒之前浇透水提高土壤墒情，抵御严寒等灾害，都是花境高质量管理的基本功和精细措施。

2.2.6 病虫害防治措施等

花境养护中病虫害防治的重要性体现在生理性病害的防治以及广谱病、虫的预防上，避免出现毁灭性的病、虫爆发。因为尺度较小，多融入大的景观系统中，所以，花境病虫害防治更应该与区域绿地，甚至整个城市的园林植物病虫害防治步调一致，否则，就一片花境进行病虫害防治，很难起到很好的效果。

使用化学药剂防治病虫害应该作为最后的举措，应该配合有针对性的养护管理措施综合实施，才能起到最佳效果。防治方针即所谓："选对植物，用对措施，增强抗性，适当施药"。

2.3 效法自然

花境，不仅设计、建造时需要效法自然，养护管理和持续存续机理上，更应该以自然为师，巧妙运用，综合施策，需要有科学的花卉植物品种选择、团块配置和混搭。

对于设计者最需要考虑的两个方面就是植物的花期和休眠期。其次就是该品种植物的适应性和竞争性。这需要广泛而深刻的了解很多种类植物的生理特性和栽培技巧，更要了解花境所在地的气候特点，极端天气条件状况等。

2.3.1 源于自然，高于自然

运用大数据技术，积累、建立足量的花境模型，设立足够的植物品种菜单，根据环境、需求订制化，从自然界中寻找出各种气候、环境条件下的花境代表模式。

2.3.2 着眼长远，尊重自然，防止反生态化

设计花境，施工和养护管理要有自己的创新和探索，最好要有地方特色，要着眼长远。

比如笔者长期实践摸索出来的将扫帚草、凤仙花、紫茉莉甚至商陆等本土野生草花运用于花境中，开发使用车前草、菊花脑、紫花地丁、蒲公英等本土植物，延伸到药用植物，如地芋、地笋、泽兰等杂草的资源化使用效果都很好。

其实，像一年蓬、紫苑、大花旋复花、老鹳草、马兰花、火炭母、紫堇、蛇床花、泽漆等本土野生花草，半边莲、通泉草、婆婆纳以及小毛茛、酢浆草等野生自播或宿根植物在农业生产中多是农田杂草。而农田杂草，指农田中栽培的对象作物以外的其他植物。通过农业上对杂草的定义，我们能很好地反思花境制作中品种选择的指导思想。但丁说过："世界上没有垃圾，只有放错位置的资源。"对于花境而言，几乎任何一种花卉植物都有利用价值，关键是如何用。我们可以打开思路，探寻和创造出适合当地小气候，生态长久稳定且特有的花境植物组合。

小贴士

笔者在新疆、云南一些自然山林、溪涧区域就见到很多的野生宿根、自播花卉植物，自然形成优美的花海、花境，其中大多数花卉植物都可以组合式、群团式试着引种、驯化成特别的花境组合模型。我们要学习老一辈园艺工作者的坚忍不拔精神、敬业精神，深入自然，深入一线，尊重自然，学习自然，开创和探索新的花境品种组合模式。

自然花境（湿地野生蒌蒿）

修剪须效法自然－紫薇自然生长饱满姿态

顽强的野生植物——芦苇   顽强的野生植物——莎草

2.4 微观环境的应对措施

2.4.1 湿生、水生花境

养护管理需从水生、湿生植物的喜水性角度出发，采取必要措施确保湿度、水位，尤其是水位的高低、水位稳定时长以及水流流速直接决定水生植物的生存和繁衍。

2.4.2 包含乔木、藤本的花境

尤其要注意区域生长量综合修剪和光照平衡，以及地下土壤环境竞争的平衡是养护成败的关键，必须防止乔灌木过度挤占草本花卉地上、地下空间，也要保证给花卉等下层植物提供必要的遮光和湿度等小气候环境。

2.4.3 含垂直绿化、屋顶绿化的花境

养护管理更多的是关注极端气候的应对——极热、极寒和干旱等条件下垂直绿化和屋顶绿化的抗逆性极值是决定其存续的制约因子。在设计建造和后期养护中应该增加一些保温、遮光、喷雾和滴灌等设施，以确保度过极端气候期。

2.4.4 大面积单一品种花境——花海、花圃类

养护管理需格外小心因品种单一带来的生态脆弱问题，爆发性病虫害防治要有专门的技术支撑，要与地方农林植保部门形成联动，及时预警病虫害流行情况，事先针对性地预防。

对于一些具备不同花卉品种轮流种植条件的花海场地，可采用普通轮作、水旱轮作、间作等方式来解决重茬病虫害、土壤肥力和其他生理性病害。

前期土壤处理，重茬剂的科学施用，土壤微量元素（如活性铝、锌、铁）含量的测

定和调节补充等，是大型花海建造后应该具备的管护能力。

除非迫不得已，最好避免大面积单一品种种植的花境模式。

2.4.5　因地制宜、一境一策，专心于每一个花境的养护

不同气候类型地区花境养护管理措施不同，热带地区花境养护的重点是控制徒长，防止暴风雨渍涝和平衡品种间竞争等，而温带地区花境越冬和越夏的顺利存续是养护的关键。

不同气候型植物养护管理措施不同，尤其是引进、驯化植物品种较多的花境，其养护操作尤其要关注不同气候型植物的各自特性，"辨症施策"，千万不可因为养护措施不当导致雪上加霜、帮倒忙的情况。

2.5　宏观环境的应对措施

2.5.1　大气候决定前提

综合比较国内外大量花境实例，不难发现，花境效果与大气候环境关系最为密切。在经常雾霾严重、天气高温高湿、暴雨冲刷不断的地区很难有高质量的花境景观存续。

长江中下游、江淮地区花境效果最好的时候一般是 3—5 月的时间段。包括上海、南京、杭州在内，这个季节气候温暖适宜、暴雨较少。

另外，夏秋季凉爽干燥，冬季不冷，湿度较大的地区花境效果也比较好。比如我国的沿海城市，比如欧洲（地中海气候型）和大洋洲许多沿海城市等，花境效果很好。

2.5.2　营造小气候实现花境最佳效果

在大气候环境确定的基础上，我们应该科学营造良好微气候环境，以便设计和建造最佳花境，再辅以必要的养护措施，使所选用的花卉植物达到最佳观赏效果，这是园林建设和管理者的任务。

笔者与南京农业大学的相关研究团队共同研究了 5 种不同结构植物群落的温湿度调节效应，并初步分析了绿量与降温增湿强度之间的关系。结果表明：植物群落的降温增湿效应具有季节性差异，春季和秋季乔灌草结构的植物群落降温增湿效益最为显著，而夏季乔草结构的群落降温效益最明显，乔木群落的增湿效益最好。绿量与降温增湿强度均为正相关关系。

另外，在研究过程中还发现，园林景观微环境效应受下垫面的质地影响也较大，吸水、透水、吸热的有机物、草坪、透水砖下垫面等比沥青、混凝土、石材铺装地面等下垫面对植物生长更加友好和安全。

还有，结合对多个样本的观察和记录，笔者发现红枫在乔灌草复层型林下种植，光

照被遮蔽达 70% 时都能正常生长，且秋季色叶表现良好；在全裸露阳光无遮蔽的情况下栽植，如果下垫面再是大面积的沥青或硬质铺装，则红枫 3 年生长周期内生长不良率达 90% 以上，死亡率达 40% 左右。

红枫日灼现象

立体花境养护不足导致植物枯死

草坪退化

花境养护管理现场（日本神户）

草花更换过程

草花更换成品

可见，微气候环境对植物生长影响极大。植物与环境互动关系中，光、温、湿度等几个因子最为关键，如何营造和促进形成花卉植物群落和小环境之间良性循环的关系，对于花境建造和维护至关重要。

所以，创造或者模仿出适合花卉植物生长的小（微）气候条件，是创造出高质量且效果持久花境的重要途径和研究方向。

乔灌花草合理的搭配（必要的复层结构）、科学的种植密度（通风透光和病虫预防）、必要的遮阳或内部自遮蔽（比如红枫不耐强光和高温干燥，但是，如果成丛密植，则其抗逆性明显增强）、合理的地形坡度（排水合理以及观赏效果好）、西北侧挡风（预防冬季严寒的风冻伤害）、土壤质地和厚度、植物多样性和本土化、喷灌或滴灌，水肥管理及病虫预防等措施，综合施策，最终才能实现目标。

3 花境养护管理实践

3.1 花境养护管理要点

花境养护的重点在于促进植物生长恢复、修剪复壮和预防病虫害等方面。

3.1.1 生长恢复

3.1.1.1 建植前期管理

根据需要进行必要的遮阴和增湿措施，帮助花卉植物顺利度过恢复期。

3.1.1.2 恢复正常生长后管理

要根据实际恢复情况，及时拆除遮阳网、支撑木等辅助设施，防止制约花卉植物正常自然生长。

3.1.1.3 强化修剪

尤其是被损伤的枝叶和病虫枝条、徒长枝条。在正常生长时期，修剪措施主要目的是调节花境整体外观形态和过密区域调整，实现株丛内部通风和透光。有时，还需要结合必要的绑扎、固定、造型，对于盆景类、编织造型植物，要经常修剪和调整，以维持其设计形状，持续实现设计效果。

对于花灌木、常绿植物，如小叶女贞、火棘、海桐球、石蚕花等，除冬季严寒季节外可随时修剪。而落叶花灌木的修剪则需要分类实施，春季先花后叶的植物，则应在花

后修剪。春季先叶后花的植物，则在秋冬季节修剪。落叶的花卉、宿根植物，尽量选择在秋冬季落叶后修剪。

修剪可以分多次实施，防止一次修剪成型造成修剪过重的情况。修剪需要有持续性，坚持按照设计意图反复修剪，最终实现稳定的设计效果。

花境中草本花卉类花后修剪尤其重要，及时科学的花后修剪既可以减少营养消耗，也可以防止因倒伏、过密造成植株退化甚至成片死亡。

修剪也能人为调节和化解不同竞争能力花境植物之间的恶性竞争，协调种群关系，保持合理的群落密度和开花效果。

3.1.2 水肥管理

花境施工中所采用的灌溉浇水技术措施，大多数在后期的日常管理中也适用。

施肥则需结合基肥和追肥共同实施。特别是基肥施用，可结合土壤改良，在栽植前混入土壤中——花卉植物多属于耗养喜肥类型，所以土壤必须持续提供肥力，这就需要栽培土壤有足够深厚，足够保水保肥，而且，根据植物类型，预先施足基肥。

追肥方式较为灵活，可以根外追肥（撒施、穴施、条施），也可以叶面喷施，还可以结合滴灌采取配方、精准施肥。

施肥方式以及各种营养元素、肥力的综合平衡，可以参照相关土壤学、肥料学的知识，科学实施，同时需要根据植物自身的反应，灵活调节。

3.1.3 病虫害防治

结合花境的具体特色，有针对性地实施病虫害防治，秉持"经济合理、预防为主、综合防治"的总方针。

《黄帝内经》有言："正气存内，邪不可干；邪之所凑，其气必虚。"其理论内涵也值得在植物病虫害防治中遵循。

花境病虫害诱因无外乎病原、环境和花卉植物本身三方面，对于设计、建造和后期的养护管理者，一般是难以控制病原和环境的，最容易控制的也就是植物本身。从病虫害防治实效的角度出发，我们应该选择优良植物品种、管理维护好植物生长和尽力科学干预环境，创造适合植物生长的光、温、水、肥、土、气等条件，减少病虫害爆发的诱因。

在植物选择中需要根本遵循的两点分别是：一是首选本土化优良花卉植物品种，其适应环境、抵御病虫害的能力较强，可降低维护难度，呈现最佳生态、生理和观赏效果；二是所选植物所属的气候类型要与当地气候条件相吻合。即便经过了一定的驯化和适应后的植物，也有可能在极端逆境状态下出现强烈的逆境反应，导致大面积死亡。比如属于地中海气候型花卉植物西洋水仙、郁金香、番红花、小苍兰、葡萄风信子、仙客来、凤仙花、君子兰、鹤望兰等，在南京这样夏季高温高湿气候常见的地区，难以适应，如果在花境中种植，则会大大增加后期养护管理的难度，常规应对措施是在夏季休眠期将种球起挖出，置于阴凉地方储存，秋冬季再栽植，才能延续。

在环境控制上，可以采取一些辅助设施，比如对于光线较强的裸露广场区域，在建植时可以适当增大密度，新栽植时间段架设遮阳网，在高温干燥期间增加喷雾设施和必要的遮阳防护措施等。对于冬季寒冷、处于风口区域的花境，因为风冻极易导致冻害，故需设置必要的挡风墙、挡风绿篱等，可以很好地防止冻害。

对于日灼、冻害等生理性病害，在结合肥水管理，科学浇水、喷施钾肥等措施同时，可结合冬季涂白等物理措施，多措并举，综合施策。

除了生理性病害外，对于最常见的**蚜虫**、**蚧壳虫**、**尺蠖**、**天牛**等害虫危害和**白粉病**、**锈病**、**炭疽病**、**褐斑病**、**立枯病**、**细菌性腐烂**、**病毒性花叶病**等病害危害，最好的防治措施实际上无外乎准确预测、及时预防和增强花卉植物抗性，实在难以控制才考虑施用化学药剂治疗。适当的预防保护性用药也可以尝试实施，但需用药恰当，施用及时。

低毒、高效化学药剂、生物药剂、施放天敌生物是未来病虫害防治用药的发展方向。

3.2 宏观思维

笔者在建设和维护城市公园绿地的过程中，曾设计、建造了"四季花海"花境景观，从 2006 年开始实施，一直坚持建造和维护，2008 年前后逐渐成为当地热门景观，尤其是春秋两季开花效果最好。目前，带状断续的花境景观（四季花海）已经有近万平方米的总面积，品种不断更迭，也摸索出一些成功的品种选择和搭配经验和模式，趋于群落稳定，也有更多不成功的教训。

从宏观思维的角度简单总结，主要有以下一些实践经验：

3.2.1 光照——花境建植的前提

花境，以花卉植物为核心（除特别设计的阴生花境，比如**蕨类**、**吉祥草**、**常春藤**、**大吴风草**等组成的），而开花的植物多半比较喜欢阳光，有的还是强喜光性植物。（一般白花植物最喜光，而白花植物也多属于阳性植物。）建成时间较久的公园不太适合建造花境，主要就是因为林下绿地阳光不足，难以满足花卉植物生理需求。一些老公园尝

试新建花境，也只有利用局部林窗空间设置一些零星花境。

光线其实还和雨水、湿度、土壤中根系的竞争成正相关性。如果注意观察就不难发现，植物对植物的遮挡影响比建筑物或者其他非生命体对下层植物的遮挡造成的伤害更大，这就是因为同质竞争往往更直接、更有针对性、更剧烈。你需要的阳光我也需要，你需要的雨水我也需要，你需要的根系生存空间我也需要，你需要的空气中二氧化碳我也需要，你需要的营养元素我也需要，等等。

当然，这里还不包括一些很奇妙的植物分泌的激素类、芳香烃类有机化合物在植物间导致的拮抗。比如**香樟**树下，**雪松**等松树下，是很难生长植物的，花境也很难建植成功，原因是除了以上所说的各方面竞争因素外还涉及松脂油、香樟油等气味对其他植物的生长抑制。

3.2.2 水肥——养护成败的关键

花境养护，不可无水肥，却也不可过多水肥。生长不可过于密集。夏季不可过于高温。土壤不可过于肥沃。否则，徒长导致的倒伏，水渍、缺素带来的**白化、黄化、矮化、丛枝**等生理性病害，以及**白粉病、黑斑病、立枯病**等病害，**夜蛾类、粉蝶类、蜗牛类**等虫害，任何一项都足以迅速将整个花境摧毁。

根据观察研究，自然界野生花境植物的生长土壤往往并不太深厚、肥沃，然而，恰恰因为并不过于深厚的土壤环境与

> **小贴士**
>
> 笔者在较好的土壤条件中栽植的**金鸡菊、大滨菊**等花卉，因为前期基肥施肥过多和雨水影响，就曾出现过意想不到的问题——花期及花果期遇到大风或下雨天，出现全面倒伏，随后大面积枯死。
>
> 曾经种植在花境中的**蓝亚麻、花菱草**等也是因为光照不足，浇水过多等原因，生长过于细弱而逐渐衰退、消失。
>
> 总而言之，水肥控制，难就难在适度，实践经验表明大多数时候应"宁少勿多"。

恰当的气候环境共同作用，使得混杂生长的自然花境植物得到足够的锻炼和严苛的淘汰，逐步自然选择成稳定的群落，最终成就了让人叹为观止的野生花境景观。

3.2.3 病虫害以及其他——宏观思维是应对花境各种问题的指导思想

3.2.3.1 由"背井离乡"延伸出的花境病虫害防治策略

园林养护管理上也有与"背井离乡"异曲同工的做法，那就是在移栽雪松等高大乔木类植物时，为了提高成活率，在移栽的时候带足够大的土球，且尽量多带根际宿土，甚至要求将原来根际周围的表土都收拢起来，带到移栽地，撒入新栽植的树穴中，实践证明这样更有利于促进生根，提高移栽成活率。

其实，这就是有效利用移栽前植物根际微生物菌群与植物根系的共生关系，移栽时用客土接种菌群，浇水等方法培育菌群，通过根际菌群促进植物在新移栽地迅速适应新环境，生发新根，健康成活——有效克服植物移栽"水土不服"问题。

客土接种菌群的方法，可以说就是植物界的"背井离乡"。

落实到花境建植以及病虫害防治上，建植时选择适合的土壤成为首要的环境条件。对于一些新引进的"背井离乡"而来的"客居"植物，就要尽量模仿出其原生地类似酸碱度、颗粒度的土壤环境，再辅以原生地类似的小气候环境，甚至培育、接种土壤根际微生物菌群环境以促进其成活和健壮恢复。具体措施如采用盆栽苗栽植，多带盆栽土，甚至专门将原生地土壤收集运来，作为客土混杂在花境植物根际周边，实现根际菌群接种，促进移栽成活。

3.2.3.2 统筹各大要素

花境管理理念由园林四大要素（山、水、建筑和植物）更新到园林五大要素（山、水、建筑和植物，还有动物，包括人），只有综合协调，统筹兼顾，才能管护好花境。

一定要充分考虑到人和动物行为对花境可能造成的影响，否则，很难达到设计效果。

处理好花境管理面临的社会管理困境——不建植花境，景观中就缺乏花卉、色彩和新意。但是，一旦建植了花境，尤其是高品质的花境，有了人气，就会迅速遭到人为的破坏——观众过多带来的踩踏、采摘等，尤其是大量游人、婚纱摄影、专业摄影等造成的"精准破坏"。

多措并举、硬件（隔离）和软件（警示、劝导等）并重，才能维持好花境效果。

小贴士

古时的"井"原意指水井，引申的意思就是家乡。背井离乡就是指（因谋生或避难）离开家乡，旅居外地，颇有辛酸漂泊之意。

然而，"背井离乡"另外一层不为人知的意思却与古时的风俗和巫术、中医观点有关。古时有一种风俗习惯，在游子离家远行之时，父母或者友人会从家乡的水井里取一些井泥晒干后让他带在行囊中。到了异地他乡，遇到肚子不舒服、腹泻等水土不服症状，将这故乡井泥泡水，然后将过滤干净后的水喝下，就能不再腹泻，不再水土不服。

其实用现代微生物学、临床医学的原理看不难理解，这就是一种因环境改变引起的肠道菌群失调症状，古人通过实践摸索出来的一种土办法来解决，无形中与成语原意形成了默契。现代生理学、生物化学等科学证明这是有科学道理的。

据说还有一种风俗习惯，古人到了新地方后，如出现水土不服的情况，会吃当地豆腐，这样也能解决水土不服问题。此类风俗习惯，古今中外都有延续，神秘而神奇。

3.2.4 关注几个常见问题

3.2.4.1 淹水

江淮、长江中下游地区的梅雨季节、夏季台风暴雨期很容易导致积水。不但蔷薇科樱花类怕水渍，蜡梅、紫荆、紫玉兰、唇形科薰衣草等植物也忌淹水。西洋凤仙、长春花等最忌高温水渍。设计和选材时，避免淹水是这些花卉植物应用的前置条件。

3.2.4.2 冻害

立地小气候（微气候）有可能加剧冬季低温冻害，比如冬季处于风口区域植物受到的风冻伤害，如夹竹桃、四季桂等冬季叶片冻害，还有柑橘类近地茎干的表皮纵向冻裂等，设计时需合理规避，结合必要的养护措施以预防，包括水肥控制、防冻包裹、刷白等。

3.2.4.3 日灼

喜阴与喜光植物品种间合理搭配以达到群落内部光线合理，生长良好。对于较喜半阴的梅花、红枫、桃叶珊瑚、八角金盘、蕨类植物等，尤其要防止夏天的日灼。

4 设计、施工与养护管理的有机衔接

从花境景观效果的最终呈现结果看，设计、施工和养护管理是一个前后衔接的流程链，每一个环节都不可或缺。前后程序如何有机衔接，就需要"以植物为中心"的任务目标和"以人为本"的管理思路。

4.1 以植物为中心

花境建造的所有环节，最终需要通过花卉植物的发芽、生长、开花、结果直至衰老、再生等生理环节中展现出的生理、生态的美丽美好来实现价值。所以，我们需要充分了解植物，了解其生理特点、生长习性。也要懂得生态原理，了解环境，创造适合植物生长的条件，或者根据环境选择植物品种等。也就是说在设计花境时就应该考虑到所选择的花卉植物品种需要何种生长环境，在后期建设和养护管理中需要特别注意哪些方面，辅助哪些措施，最终达到设计效果。如果盲目选择花卉植物品种，环境却无法满足其生长和发展，即便施工和养护再努力，最终也无法持续，必然以失败告终。

光线和温度是建植花境的前置条件，而水肥控制却是花境成功与否的关键因素。比如，在栽植金鸡菊、硫华菊、天人菊、柳叶马鞭草、天蓝鼠尾草等常见花境植物的过程中，植株一般因为自繁而过密，后期养护管理水肥如得不到控制，就很容易出现开花后大量倒伏，自我竞争，引发**白粉病**、**锈病**等病害极其严重，最终出现大量死亡甚至群体灭失。

养护管理的实践经验反过来提醒在设计时就要充分考虑后期生长的趋势。

周老师小课堂

> 总而言之，我们必须敬畏、尊重自然，包括花境植物。设计工作的前提是我们尽量了解，然后顺应自然，才能借力自然，发扬自然之光。
>
> 一般情况下，设计中不应该追求全年所有时间段都能达到花团锦簇效果的花境，局部时段的观赏低潮是需要忍受的。

4.2 以人为本

在建设管理上以人为本。设计师在设计时就要充分听取施工和养护管理人员的意见建议，避免盲目设计。后期养护管理也需要尊重设计意图，尽力通过养护管理的肥水、修剪、间苗等措施实现设计意图。

在呈现效果上也要以人为本。最终欣赏者——观众才是评价者，了解和满足他们的需求，尽力照顾他们的视角、行为、心理、喜好、人文偏好等。

第七章　花境的未来

　　一门艺术的研究和探索向前发展时往往会从两个方向去寻求突破：一是向深度发展，探索、研究同行想解决却无法解决的原理、规律或难点问题。二是开辟别人没有涉猎过的新领域，比如不同的表现方式、方法或步骤等。

　　花境虽然是新兴园林艺术形式，也不算高深，但是作为园林景观艺术门类之一，其设计、建造和维护的发展，需要行业从业者共同努力，突破方向之一是在花卉植物品种选育、引种、驯化和栽培上下功夫，结合植物生理、生态以及环境控制等理论研究，建立不同地区花境建植组合模型和菜单，形成模块化数据库，最终实现"建植什么样的花境，就一定会形成什么样的效果"，反过来，"你想形成什么样的效果，我就知道需要建植什么样的花境"。

　　另外一个突破方向，就是另辟蹊径，走别人没有走过的路，比如采用自然诱导的方式，在人为创造出的仿生"自然环境"中诱生自然花境，不断改进，最终满足人类审美和自然环境两个维度的要求，真正实现可控的自然，自然的美。

　　或者是探索设计设施花境——比如温室内花境、办公室花境、阳台花境，或者是微缩花境等，不一而足。

 1 环境共同体的一部分

1.1 花境是园林景观展现美好的代表之一

　　随着城镇化建设和社会经济的发展，对园林景观品质和内涵的要求越来越高，花境景观形式迅速得到重视和大力推广应用。无论大地景观、城市绿地还是街头绿化、庭院美化，花境都是有效的形式，美好的符号。

　　纵观园林发展史，不难发现，园林景观的发展终将与自然环境禀赋相和谐，与城市特色、城市发展同步，与人的需求以及人的发展相匹配。花境亦如此，多年的实践得出，在建设上，要尊重自然，选择适合的、适宜的、适应的植物材料，进行科学的搭配和种植，在养护上后期辅以恰当的养护管理和人工干预措施，使花境呈现最佳的景观效果，持续尽量长的时间。

园林景观的主要素材——植物，是有生命的。花境的主要素材是花卉，更是生命中美好的代表。园林花境是园林景观展现美好的代表形式之一。

园林景观是城市环境共同体的一部分，随着在园林中应用量的增加和技术的成熟，花境将发展成为景观共同体的一部分。

1.2 花境景观艺术在公园城市中熠熠生辉

2018年2月，"公园城市"的理念在四川成都被首次提出，迅速成为城市环境建设的新潮。

近年，全国各地园林绿化行业深入践行"绿水青山就是金山银山"理念，以生态视野在城市中构建高品质绿色空间体系，将"城市中的公园"升级为"公园中的城市"。

在公园城市建设中园林花境也得到广泛应用。从宏观规划角度看城市公园，从城市公园视角看花境，到公园城市花境，花境成为生态环境系统的一部分，也是生态系统中的一个个亮点。

2 花境发展趋势

全球生态环境的显著恶化迫使人们开始重视生态环境保护和修复，各行各业均或多或少与环境保护有关，园林景观行业也必然会受到影响，如何降低碳排放，为碳中和、碳达峰做出行业贡献将是重要课题。

与"农业综合体"遥相呼应的"城市园林综合体"将给未来人们城乡生活带来新的变革，城市景观中花境样式将更加多元，更加环保、科学、新奇。本土野生花卉植物的驯化和利用将持续发展，生态生产型花境，可食花境，果蔬花境等新兴花境形式将大行其道。花境将遍布街头巷尾、寻常百姓身边。

随着应用频率的增加和设计建造水平的不断提高，花境逐渐成为各种园林景观的重要组成部分，而借鉴和应用了其他各种园林艺术手法，融会贯通后，花境景观逐渐融入

整体园林景观中，而不再被独立分割看待。

按照行业发展的路径看，未来现代花境将改变"花境+"的思维导向，走向"+花境"的运用导向，生活环境处处可以"+花境"。

2.1 技术进步推动花境设计菜单化

作为环境共同体的一部分，花境景观将与城市发展同步，满足和塑造需求，不断进步和演化。

随着数字技术的发展，信息化应用于园林景观规划、设计和建设管理中，将给行业带来巨大的变化。随着智慧城市建设的推进，园林绿地远程监控、管理，通过技术共享，实现云赏花等，必将给花境的发展和管理带来无限想象空间。

花境设计和建设将师法自然界，从自然界中寻找出各种生境背景下的可行的花境样式，在积累大量成败经验的基础上，运用大数据技术，建立花境配置、管养、环境全数据模型，终将形成丰富多彩的订制化花境菜单。

当然，要实现花境设计菜单化，不仅要在实践应用上、设计艺术上和数据化手段上作深入研究、实践，也要在品种选育、种质资源保护和开发，生态技术研究上发力，内功和外功兼顾，内因与外因统筹，持续发力，久久为功，才有可能为我国园林景观高质量发展赋能，我们的花境水平才能比肩甚至赶超国际先进水平。

2.2 花境的本土化、生态化

作为每个地区、每一处公园的管理者，在花境应用上我们都可以有自己的创新和探索，可以形成一定的地方特色，有利于园林花境的长远发展。

由于法律、法规不健全和法律意识不够，植物品种开发和驯化的知识产权保护不到位等原因，大大损伤了本土植物开发和研究的积极性，对于应用者而言就没有足够的高品质、观赏效果好、适应性强的花境植物素材供使用，也就极大地制约了中国花境艺术的高质量发展。同时，急功近利，只顾眼前的行为也不利于花境植物的培养、花境的建造和维护，难以实现高质量花境。

相信随着法律法规的健全，守法意识的提高，以及国家对品种资源研究、开发的倡导、激励和保护，即便新品种的研发时间很漫长、很复杂、投资大，也会有越来越多的组织、公司和个人投入其中，给花境景观本土化、丰富化提供素材保障。

笔者在宁镇山脉自然山林中，台阶、步道或巨石角落，经常能发现一些自然形成的野生花卉群落，比如**沿阶草、野苎麻、山莓、高粱藨、天葵、贯众、井栏草、绵枣儿、求米草、芫花、络石**等自然混杂，稳定而强健，不同季节陆续有花，其实这就是一种自

回归自然的禅意花境（千叶兰）

顽强而实用的结缕草草坪

野生草坡

新疆喀纳斯野生花境

野生牵牛花成绿篱

山体背阴面的野生蕨类

然花境组合，是与该区域小环境相吻合的花境，存续时间长，效果稳定，而且免维护。

或许，巧妙的添加和删减，模仿和参照这样的花境，就是未来实用花境的一个重要发展方向。

如笔者观察、记录、尝试使用的本土、野生花卉植物还有很多很多，每一个城市，每一个地区都有或多或少的本土、适生花卉植物，其开发和使用需要所在区域园林人努力实践，这样，每一个地方有每一个地方的特色花境植物品种，才能形成"百家争鸣、百花齐放"的效果，使花境设计避免出现和城市规划一样"千城一面"的尴尬局面。

自然花境（步道）

同时，运用地方特色花卉植物的花境，不但保护生态，凸显地域人文特色，而且对于降低养护管理投入作用巨大，甚至实现免管理——这是园林人实实在在的低碳排放行动之一。

从园林的要素构成和呈现形式角度总结，不难得出其 7 个方面的属性，分别是：

生命属性——包含植物活体，具有生命，不断演进变化。

生态属性——具有人工创造的群落环境，或模仿自然群落环境，预期具有一定的生态特征和生态功能。

艺术属性——设计时的一次创作和施工、维护期的二次、三次创作，艺术体现于创作中。

季相属性——具有季相和生命周期性，动态变化。

功能属性——满足审美、环境营造或市政设施等功能性。

服务属性——服务于公众等特定人群、特定环境或特定功能的需求。

兼容属性——涵盖人文、艺术、社会、心理、科技、环保等诸多学科，属于典型的交叉学科和应用学科。

作为园林景观造景的新兴形式，花境在这几个方面的表现也非常突出。在设计、建造、维护和改造过程中，我们可以从不同的属性着手，有针对性地因境施策，以便达到最佳效果。

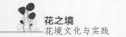

花境设计点评

特 点

- 花境植物素材因地制宜，选用新西兰本地最常见的蕨类植物（如梭罗、银蕨等）和麦卢卡（麦卢卡，是新西兰及澳大利亚南部独有的桃金娘科灌木）等灌木，适应性强、生长旺盛的同时更凸显地域、文化特色。
- 花境的边界使用木棍围挡，就地取材，自然且环保。木棍上着生苔藓后更显得古朴自然。
- 花坛中青苔作为地被，随意而为，更是简洁实用。
- 花境在艺术设计上并没有刻意的痕迹，但是，中心岛式花境的分流、导示功能却基本能满足。另外，竖向上草坪、常绿灌木等与木质围栏、高大乔木高低和谐，错落有致。

缺 点

- 作为花坛花境，绿色有余而花卉不足。

花境，狭义理解，是以花卉为特色的植物造景。广义而言，各种绿色植物都能运用于花境，包括作为背景的高大乔木和灌木类。

广义而言，绿色为主的花境，有时也是一种特色，也是符合自然，充满生机和美好，具有愉悦和疗愈效果，不应该被排除出花境范畴。

设计二

特点

- 以立体花墙为主题特色的花境，花卉配置色彩极为鲜艳、明快，具有极强视觉冲击力，另外，不同花墙与对应面的地栽花卉在品种、色彩、横竖线条上也都形成巧妙呼应与和谐。

- 两座花墙主打花卉品种羽扇豆、牡丹、凤仙、白晶菊、雏菊等选择的均为优良观花品种，杂交一代，花大、色纯，可见具有极高的园艺育种和栽培技术基础。

- 艺术设计和施工上，景墙高低、园路与防护围栏的高低尺度和谐，地面色彩、硬质围挡材质等均精挑细选，精细制作。

- 景墙上设置的文字解说和图片，阐释主体，提炼文化，将花境与科普教育结合起来。景墙的材质、工艺，本身也是园林景观、花境硬质设计、施工的一种示范和推广。

缺点

- 花展上的展示性花境，一般无法做到长期存续，尤其是景墙上的垂直绿化，其存续时间更短、养护管理难度更大（成本更高）。而且，花境素材中花卉的品种精细、纯色程度、花期一致性程度都有极高要求，如果没有强大的生产、繁育、维护体系支撑，是难以保证素材质量的。

- 花展型花境，其硬质部分的设计、加工、制作和养护管理要求非常高，没有高超的设计、精细的施工和科学的养护管理体系支撑，难以维持。

周老师小课堂

　　花境的效果，不仅仅是设计师水平的体现，也是花卉植物生产、繁育、品种创新水平的展示。另外，硬质部分的设计、加工、制作，软质花卉植物部分的栽植施工以及后期的维护管理，也是花境效果和存续时间长短的决定性因素之一。所以说，花境呈现的质量水平，往往从侧面反映策划、设计和生产、繁育、品种创新，以及施工、维护等园林景观行业全部产业链体系的综合实力、整体水平。

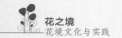

特 点

- 百合、朱顶红、石竹等球根、宿根花卉使用让人眼前一亮。各个品种丰富多彩的色系特色展示，使人大开眼界，反映球根、宿根观赏植物品种开发、繁育的可喜成果，体现行业创新、开发的最前沿。
- 艺术设计上台阶式展陈基础设计能更加凸显花朵的效果，视觉上更有利于美感欣赏。
- 玉兰、红枫、红叶石楠等乔木、灌木成为很好的花境观赏竖向背景，而且在无花的时间段也能支撑花境的基础效果。
- 绛红色有机覆盖物、装置摆件和其他园林景观小品的配置，生动活泼，较好地提升了花境的艺术效果。

缺 点

- 台阶、围墙的材质、颜色过于生硬和突兀。
- 花卉植物品种不够丰富。
- 品种展示性花境，花期过于集中，观赏期较短。

周老师小课堂

　　此类展览、品种展示性花境，不同于常规花境，其对一次性效果的追求与常规花境的长期效果追求完全不同，场地的准备、材料的选择、养护管理的强度等都有本质的区别，作为行业从业者需注意。

　　对于一些花展、花境技艺比赛中制作出的花境，其存续时间更短，效果追求更是"短期效应"，所以，大部分只可借鉴，不具有可推广性。

设计四

特　点

- 羽扇豆、染料木、鸟巢蕨、白晶菊、园艺八仙花、毛茛、红花檵木等观赏性花卉植物使用，使得花境整体效果丰富多彩，色彩艳丽。
- 色彩设计上，绿色的草坪、天蓝色的水池、灰色的石子地坪等很好地衬托了花卉植物的艳丽和娇艳，使得花境形象鲜明。
- 浅蓝色的围墙、大红的门窗形成的背景，以及两只可爱的青蛙摆件，使得整体花境环境变得非常活泼、生动。

缺　点

- 平面布局缺乏设计，无轻重、疏密的对比。且花卉植物品种有些杂乱，有简单堆砌的感觉。
- 展示性花境，花期不会太长，存续时间不长。

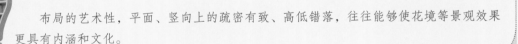

布局的艺术性，平面、竖向上的疏密有致、高低错落，往往能够使花境等景观效果更具有内涵和文化。

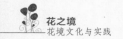

设计五

特 点

- 设计上，旱溪式花境设计，具有极好的生态效应——蓄水、排涝，充分实践了海绵城市的理念。而且，旱溪中种植的耐水植物，大大丰富了花境植物品种，提升了景观效果。另外，旱溪的养护管理难度较低，节约成本。
- 大面积团组种植的美人蕉、天人菊、钓钟柳等，花色纯粹、艳丽。
- 大块面绿色草坪衬托了花境的缤纷多姿。

缺 点

- 花卉植物花期较为集中，观赏期不够长；缺少文化设计和景观小品、解说牌等配套设施。

周老师小贴士

　　大面积绿地或者较长距离的绿带，最能实现自然式花境的设计效果，要尽量探索使用，在形成足够良好的景观效果的同时，降低养护管理成本，延长花境存续时间，保护生态环境，促进环境和谐和低碳排放。

设计六

特 点

- 冷色调为基色的花卉植物材料、花岗岩碎石垫面、心形护栏、鸵鸟花盆等装置外观颜色和谐一致。
- 空间设计上金属景观桥增加了竖向高度，丰富了立面效果，且为游客俯视花境整体效果提供了可能。
- 独杆高杆金叶女贞，展现出编织园艺的绿雕效果，为花境增色。
- 设计上巧妙利用香樟树形成的深色背景，为浅色靓丽的花境提供了对比和衬托。

缺 点

- 展览性花境，花期集中，存续时间不够长。春羽、龟背竹等温室观赏植物，难以露地越冬。

周老师小课堂

现代花境理念应该能够包容并蓄传统花坛、花岛、盆栽的艺术形式。

 设计七

特点

- 艺术设计上，巧妙借用樱花背景，形成框景，提升花境空间艺术效果；背景中竹帘作围挡，配以造型五针松以及琼花、石灯笼等，既有汉唐遗风，也有现代日式庭院的效果。

- 茅草棚、透水混凝土台阶、石子地面、木头座凳、小水系和水生植物等生态环保材料使用，大大提升花境环境的生态效果。

- 花卉植物艺术配植，高低错落、主次分明，水系环绕、自然野趣，杜鹃、报春、飞燕草、朱顶红等时令宿根花卉色彩丰富，与庭院的幽静环境相得益彰。

缺点

- 环境卫生和浇水、修剪等后期维护管理工作须跟上。

设计八

特 点

- 砖瓦的门头、围墙，后面成荫的树冠，前面的花灌木、湖石假山，以及甬道，合理地制造了前景、中景和背景，为花境提供较好的视觉效果，相得益彰。古典建筑与现代花境结合，充满新意。
- 整体风格稳重大方，中轴对称为主，凸显主题。
- 花境养护管理水平很高，尤其是草坪和灌木球修剪精细，生长良好，充分展现植物自身特点。
- 常绿花灌木类的合理使用，大大提高了花境的稳定性，降低维护的成本和难度，且效果存续时间长。

缺 点

- 花卉植物品种较少，整体色彩偏暗。

花境的设计建造必须以环境背景为基础，绝大多数情况下是要依附、衬托主题的，不能喧宾夺主，因为植物自身的尺度、动态、脆弱性决定，往往不能将花境强行设置为景观核心。除非确有必要，且花境本身就定位为主景，花卉植物材料选择的也是足够的观赏性和稳定性。

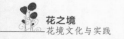

设计九

特 点

- 花境植物和背景植物融为一体，生机勃勃，绿意盎然。
- 本土植物和常绿灌木的使用能够降低养护管理成本，延长花境存续时长。

缺 点

- 开花的花卉类植物使用偏少，花境的效果不显著。
- 设计上各层、各团组植物边界不清，造成艺术效果下降。
- 背景和前景植物材料不具有对比性，难以形成留白效果或底色效果。

花境不应该是花卉植物的简单堆垒，也不是花卉拼盘，而应该是有机的组合体，各花卉组团的巧妙融合以及互相衬托。

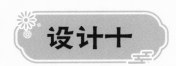

设计十

特 点

- 宏观设计上，庭院的温馨和美丽氛围通过花境的布置和点缀，显得美轮美奂。
- 花卉植物色彩设计简约，对比强烈而直接。天竺葵、矾根、红叶朱蕉和三角梅形成红色系；鸟巢蕨、肾蕨、苔草、竹芋、狐尾天门冬、旅人蕉、花叶长春蔓等形成绿色系。
- 利用台阶，结合盆栽和垂挂，加大了竖向高差，丰富了视觉景观效果，使得视线里各个层面都有可观赏的主打花卉植物。
- 花卉植物的栽培小品种选择精细，花色非常纯粹，外加养护管理精细，大大提高了花境的视觉冲击力。

缺 点

- 三角梅、旅人蕉、竹芋等温室植物的使用，不利于长江流域地区花境的存续。
- 这是一个明显的展览花境，其植物材料的投入、养护的精细程度是常规花境难以达到的，实际操作中不具有广泛推广性。

周老师小课堂

花境，花卉植物是特点、亮点，但是，其效果展现却离不开背景环境，否则就无法凸显花卉植物的特色。花境也不能喧宾夺主，哗众取宠，如何平衡其辩证关系，是设计的要点之一。

花境实践中，成功的花境往往是策划、模仿既有效果的环境设计图、案例后，选用本土能够适应的植物代替外来、不能适应环境的植物，最终实现合理而长久的花境景观效果。

后 记

　　花境，是近些年才流行的一种花卉植物配植形式。人们对花境认知也是一个认识自然，以自然为师的渐进过程。

　　初始阶段，为了追求花境的视觉效果，下意识的做法是在花境中大量使用外来花卉植物或者温室栽培的花卉植物，虽然一时花团锦簇效果很好，但是很难过冬、越夏，很难长效。尤其是在北方园林景观中，适生的花卉植物种类本来就少，如果再要求能露地栽培，品种就更少。这就客观地加剧人们偷懒和不负责任的做法，将南方花卉植物不切实际地用到北方的露地栽培中，效果速成，也速败。

　　后来人们慢慢意识到花境设计建造是以花卉为中心，什么样的气候和环境就决定了只能选择什么样的植物。如果不顾实际情况盲目设计和建设，花境就只能是"临时花卉组合"，很快就会消亡，根本不是真正意义上的花境。花境景观需参考、借鉴本地自然野生群落的生态修复、生态保护、低碳排放等方面的优越性，尽量保留原始地貌，尊重自然的演化，模仿自然，尤其是原始地貌中的水系山川，高差起伏等。还可以多设置湿地花境——有条件的情况下在花境中多设置蓄水、流水的水系系统，既美化景观，丰富植物品种，也可维持更稳定的生态平衡，促进植物自身的生态保育、平衡、修复能力发挥作用。

　　大量失败的经验促进对生态学理念理解的深入，人们开始意识到如果花境中使用各种娇贵而不切合实际的花草植物，不但难以改善城市生态环境，还会给生态环境带来沉重负担，增加碳排放。随着对花境认知的提升，人们发现"化妆式景观绿化"的巨大问题，必须避免因设计和建造花境而大量地将绿地中生态环境的"生产者"变成生态环境的"消费者"，如街头大量的花箱种植，屋顶种植，一年生草本花卉种植等，其固碳作用不大，增湿、降温、降尘等效果不佳，却需要消耗大量的淡水资源，冬季还有可能黄土裸露，增加扬尘。另外，花境环境中各种花卉植物组成一个个微观的生态体系，我们要尊重各种花卉植物在生态位中的地位，不能想当然地用草本花卉代替乔木、灌木的作用，更不要人为地打乱生态位，出现大量不切实际的大草坪、大花海等反自然的绿地景观形式。

园林景观视觉艺术有时是反生态的。功利属性要求园林景观，包括花境，在设计和建造时需要满足视觉艺术美的需求，要好看，尤其是花卉植物个体和群体所体现的形态美、色彩美、几何布局美等，也不管是否持续长久和符合自然规律。然而，自然生态的内在规律却不会迁就人的视觉审美需求，自然生态的外观往往是杂乱、晦暗的，是"丑"的，当然，偶尔也会出现符合人类审美意趣的情景，如新疆喀纳斯景区夏季的野生花境，那拉提景区的秋季花海等，但其持续的时间也是短暂的，花期以外的大部分时间也是并不美的。

对于花境设计和建造者而言，我们的追求就是如何在这两者中寻找平衡，在满足自然生态要求的前提下提炼、总结花境的美，扬长避短，恰当方式、尽量持久地将其展现出来，满足观众的审美需求。

我们在设计、建造和维护花境的同时，也是一种自我内心修炼，提升自己对花境内在美的认知，传递一种高于浅层视觉美的内在生态美，通过设计和解说，教会观众欣赏真正的自然美、生态美。从这一点上来说，花境的发展进步，不但拓展了人们对植物应用的方式方法，同时也促进人们对自然的理解和感知。花境在给人们带来美好艺术效果的同时，也让人们反观自我，提升自我，花境建设和维护有时体现的是心境，反映人性之境，关照自然的生境，这种良性互动从认知的根本上推动园林景观艺术的进步。这本身也是花境文化的一部分，再结合植物和人文文化的应用、显化，花境的高品质将能完美实现。

我们应该感谢花境景观形式给我们带来的心灵提升。

编者

2023 年 5 月

参考文献

[1] 陈淏，2015. 花镜 [M]. 陈剑点，校 . 杭州：浙江人民出版社 .

[2] 周维权，2008. 中国古典园林史 [M]. 北京：清华大学出版社 .

[3] 中国园艺学会球宿根花卉分会，成海钟，魏钰，2021. 花境赏析 (2021)[M]. 北京：中国林业出版社 .

[4] 夏宜平，2020. 园林花境景观设计 (第二版)[M]. 北京：化学工业出版社 .

[5] 田如男，2018. 花境设计与常用花境植物 [M]. 南京：东南大学出版社 .

[6] 苏州园林设计院，1999. 苏州园林 [M]. 北京：中国建筑工业出版社 .

[7] (日) 枡野俊明 著，2014. 日本造园心得 [M]. 康恒 译，北京：中国建筑工业出版社 .

[8] 章采烈，2004. 中国园林艺术通论 [M]. 上海：上海科学技术出版社 .

[9] 梁隐泉，王广友，2004. 园林美学 [M]. 北京：中国建材工业出版社 .

[10] 朱钧珍，2011. 中国近代园林史 (上篇)[M]. 北京：中国建筑工业出版社 .

[11] 中国建筑业协会古建筑施工分会，中国风景园林学会园林工程分会，2005. 古建园林工程施工技术 [M]. 北京：中国建筑工业出版社 .

[12] 吴玲，2006. 地被植物与景观 [M]. 北京：中国林业出版社 .

[13] 张秀丽，2016. 花坛与花境设计 [M]. 北京：金盾出版社 .

[14] 孙可群，张应麟，龙雅宜，等，1985. 花卉及观赏树木栽培手册 [M]. 北京：中国林业出版社 .

[15] 李娜，2014. 园林植物景观配置 [M]. 北京：化学工业出版社 .

[16] 帕福德，2008. 植物的故事 [M]. 周继岚，刘路明，译 . 北京：生活·读书·新知·三联书店 .

[17] 大卫·R. 蒙哥马利，安妮·贝克，2021. 看不见的大自然：生命和健康的微生物根源 [M]. 北京：北京大学出版社 .

[18] 苏生文，赵爽，2020. 人文草木：16 种植物的起源、驯化与崇拜 [M]. 天津：天津人民出版社 .

[19] 汤欢，2021. 古典植物园：传统文化中的草木之美 [M]. 北京：商务印书馆 .

[20] 宋豫秦，2017. 生态文明论 [M]. 成都：四川教育出版社 .

[21] 楼庆西，2003. 中国园林 [M]. 北京：五洲传播出版社 .

[22] 王静，2012. 豆科植物在南京市园林中的应用调查 [J]. 南京园林 .07(33).

[23] 王裔琪，2012. 南京珍珠泉风景区湿地植物应用探讨 [J]. 南京园林 .07(23).

[24] 刘艳，2011. 浅析宿根花卉在长江三角洲一带园林绿化中的应用 [J]. 南京园林 .12(26).

[25] 周忠胜，2003. 栽植金叶过路黄，需小心预防白绢 [J]. 花木盆景 .(5):1.

[26] 周忠胜，2003. 防冻不宜简单罩 [J]. 花木盆景 .(11):1.